工业和信息化部"十四五"规划教材

工业机器人焊接工艺

与技能

邱葭菲　王瑞权　主编

陈玉球　王小兵　程文锋　参编

刘双耀　张　伟　靳国辉　邱玮杰

U0178335

电子工业出版社

Publishing House of Electronics Industry

北京·BEIJING

内 容 简 介

本书根据国务院《国家职业教育改革实施方案》和教育部《职业院校教材管理办法》文件精神，同时参考焊工国家职业技能标准及 1+X 焊接机器人编程与维护职业技能等级证书要求编写而成。

全书共八个模块，分别为工业机器人基础，工业机器人焊接系统，工业机器人焊接工艺，机器人焊接示教编程，机器人焊接离线编程，机器人焊接技能与技法，机器人焊接缺欠、故障与检验和焊接机器人的安全、维护与保养，详细介绍了工业机器人的基础知识、焊接机器人系统组成、焊接机器人的编程技术、机器人焊接工艺与技能、机器人焊接缺陷、故障与检验方法及焊接机器人的维护与保养技术等知识。

本书可作为职业院校、技工院校工业机器人技术专业、智能焊接技术专业的教学用书，也可作为应用型本科及各类成人教育相关专业的教材或培训用书，还可供从事机器人编程、焊接的工程技术人员参考。

图书在版编目（CIP）数据

工业机器人焊接工艺与技能 / 邱葭菲，王瑞权主编. —北京：电子工业出版社，2023.1 （2024.7重印）
ISBN 978-7-121-44802-7

Ⅰ. ①工… Ⅱ. ①邱… ②王… Ⅲ. ①工业机器人－焊接机器人－高等学校－教材 Ⅳ. ①TP242.2

中国版本图书馆 CIP 数据核字（2022）第 250494 号

责任编辑：王昭松 特约编辑：田学清
印　　刷：三河市双峰印刷装订有限公司
装　　订：三河市双峰印刷装订有限公司
出版发行：电子工业出版社
　　　　　北京市海淀区万寿路 173 信箱　　邮编：100036
开　　本：787×1 092　1/16　印张：12.5　字数：320 千字
版　　次：2023 年 1 月第 1 版
印　　次：2024 年 7 月第 3 次印刷
定　　价：45.00 元

凡所购买电子工业出版社图书有缺损问题，请向购买书店调换。若书店售缺，请与本社发行部联系，联系及邮购电话：（010）88254888，88258888。

质量投诉请发邮件至 zlts@phei.com.cn，盗版侵权举报请发邮件至 dbqq@phei.com.cn。

本书咨询联系方式：（010）88254015，wangzs@phei.com.cn，QQ83169290。

PREFACE
前言

本书根据国务院《国家职业教育改革实施方案》和教育部《职业院校教材管理办法》文件精神，同时参考焊工国家职业技能标准及 1+X 焊接机器人编程与维护职业技能等级证书要求编写而成。

本书力求体现以下特色。

1．体现科学性和职业性

本书以机器人焊接应用为导向，突出岗位职业能力培养，体现校企合作、工学结合的职业教育理念，教材内容反映职业岗位能力要求，与焊工国家职业技能标准及 1+X 焊接机器人编程与维护职业技能等级标准有效衔接，实现理论与实践相结合，满足"教学做合一"的教学需要。

2．体现应用性和实用性

书中内容以应用性和实用性为选取原则，并及时补充机器人焊接的新技术、新工艺和新方法，实现教学内容与生产实践零距离、教学过程与生产过程零对接，保证学生在第一时间学习到生产中的新知识、新技术和新技能，以适应职业和岗位的变化，有利于提高学生的可持续发展能力和职业迁移能力。

3．强化育人功能及 1+X 书证融通

本书提供了"课程思政案例"，介绍机器人和焊接领域专家的优秀事迹及机器人应用的重大成就等，有利于培养学生爱党、爱国、爱岗、敬业等精神，增强了本书的育人功能。本书将 1+X 焊接机器人编程与维护职业技能等级证书相关的知识、技能、素质要求较好地融入到对应的模块与任务中，实现了书证的有效融通。每个模块设有"1+X 测评"任务，方便学生学习。

4．体系与模式新颖

本书采用模块—任务结构形式，书中对易混淆、难理解的知识点用"师傅点拨""小提示"等栏目加以提醒（示）。通过提供焊接经验公式解决参数不会选或选不准的问题。本书采用"纸质教材+数字课程"形式，通过扫描二维码可观看微课、动画等数字资源以方便学习。留白编排形式新颖，方便做学习笔记。

5．校企互补组建编审团队

本书简明扼要、条理清晰、层次分明、图文并茂、通俗易懂。为使教学内容更贴近生产实践，更具有针对性，本书特邀部分生产一线的工程技术人员参加内容的编审工作。

本书由浙江机电职业技术学院的邱葭菲、王瑞权任主编，湖南有色金属职业技术学院的陈玉球，浙江金华技师学院的王小兵，浙江机电职业技术学院的程文锋、刘双耀、张伟、靳国辉及杭州科技职业技术学院的邱玮杰参与编写，本书由周正强、宋中海审稿。

本书在编写过程中，参阅了大量的国内外教材和资料，吸收了国内多所职业院校近年来的教学改革经验，得到了许多专家及工程技术人员的支持和帮助，如蔡秋衡、廖凤生、谢长林、蔡郴英等，在此一并致谢。

由于编者的水平有限，书中难免有疏漏和不足之处，恳请有关专家和广大读者批评指正。

编　　者

CONTENTS
目录

模块一

工业机器人基础

【学习任务】

任务一　认识工业机器人
任务二　机器人系统结构和运动控制技术
1+X 测评

【学习目标】

1. 了解工业机器人的基本概念和应用领域
2. 了解机器人的主要品牌和发展历史
3. 熟悉机器人的主要结构和运动控制技术

任务一　认识工业机器人

一、什么是工业机器人

1. 工业机器人的定义

所谓工业机器人，实际上就是在工厂里用机器代替人工作业的装备，具体来说就是面向工业领域的多关节机械手或多自由度的机械装置，它能自动执行工作，是靠自身动力和控制能力来实现各种功能的一种机器。工业机器人可以接受人类指挥，也可以按照预先编好的程序运行，现代工业机器人还可以根据人工智能技术制定的程序规则运作。工业机器人目前还没有一个统一的、精准的定义，各组织及群体对工业机器人的定义如表 1-1 所示。

表 1-1　各组织及群体对工业机器人的定义

组织及群体	定　义
美国机器人工业协会	工业机器人是一种用于移动各种材料、零件、工具或专用装置的，通过程序动作来执行各种任务的，并具有编程能力的多功能操作机
日本工业机器人协会	工业机器人是一种带有存储器和末端操作器的通用机械，它能够通过自动化的动作代替人类劳动
中国科学家	机器人是一种自动化的机器，不同的是这种机器具备一些与人或生物相似的能力，如感知能力、规划能力、动作能力和协同能力，是一种具有高度灵活性的自动化机器
国际标准化组织	工业机器人是一种仿生的、具有自动控制能力的、可重复编程的多功能、多自由度的操作机械

2. 工业机器人的应用领域

工业机器人一般用于机械制造业，代替人完成具有大批量、高质量要求的工作，如汽车制造、摩托车制造、舰船制造、某些家电产品（电视机、电冰箱、洗衣机等）、化工等行业自动化生产线中的点焊、弧焊、喷漆、切割等作业，电子装配机物流系统的搬运、包装、码垛等作业。工业机器人在各行业中的应用如表 1-2 所示。工业机器人的主要应用领域如图 1-1 所示。

表 1-2　工业机器人在各行业中的应用

应用领域	具体应用
汽车	弧焊、点焊、搬运、装配、冲压、喷涂、切割等
电子电气	搬运、洁净装配、自动传输、打磨、真空封装、检测、拾取等
化工纺织	搬运、包装、码垛、称重、切割、检测、上下料等
机械加工	搬运、装配、检测、焊接、铸件去毛刺、研磨、切割、包装、码垛、自动传输等
电力核电	布线、高压检查、核反应堆检修、拆卸等
食品饮料	包装、搬运等
橡胶塑料	上下料、去毛边等
冶金钢铁	钢或合金锭搬运、码垛、铸件去毛刺、浇口切割等
家具家电	装配、搬运、打磨、抛光、喷漆、玻璃制品切割、雕刻等
海洋勘探	深水勘探、海底维修、建造等
航空航天	空间站检修、飞行器修复、资料收集等
军事	防爆、排雷、兵器搬运、放射性检测等

图 1-1　工业机器人的主要应用领域

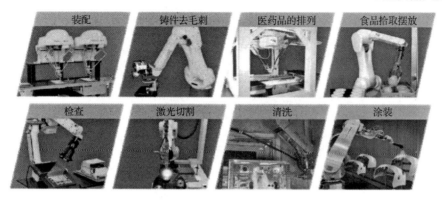

图 1-1　工业机器人的主要应用领域（续）

二、工业机器人的特点

1. 可编程

当工作环境变化时，工业机器人可根据用户的需要进行再编程。它能在小批量、多品种产品的柔性制造过程中发挥很好的作用，是柔性制造系统中的重要组成部分。

2. 拟人化

工业机器人在机械结构上有类似人类的腿部、腰部、大臂、小臂、手腕、手指等部分，由计算机程序进行控制，类似人脑。此外，智能工业机器人还有许多类似人类感官的"生物传感器"，如皮肤型接触传感器、力传感器、负载传感器、视觉传感器、听觉传感器等，传感器提高了工业机器人对周围环境的感知能力和自适应能力。

3. 通用性

一种工业机器人可以执行多种作业任务，只需更换工业机器人的手部末端工具（手爪、吸盘、焊枪等）便可执行不同的作业任务，具有非常好的通用性。

4. 机电一体化

工业机器人涉及的学科相当广泛，是机械学和电子学的有机结合，是典型的机电一体化装备。工业机器人的应用涵盖了自动控制技术、动力学分析、有限元分析、模块化程序设计、传感器技术、计算机技术、三维建模与仿真技术、工厂自动化、精细物流等先进制造技术。

三、工业机器人的发展历史

微课：工业机器人发展历史

1954 年乔治·德沃尔申请了一个"可编辑关节式转移物料装置"的专利，与约瑟夫·恩格尔伯格合作成立了世界上第一个机器人公司 Unimation，Unimation 是 Universal 和 Automation 的组合。

1959 年，美国造出了世界上第一台工业机器人 Unimate，如图 1-2 所示，Unimate 可实现回转、伸缩、俯仰等动作。1961 年 Unimate 被成功应用到汽车生产线上，用于将铸件中的零件取出。乔治·德沃尔和约瑟夫·恩格尔伯格也被称为工业机器人之父。

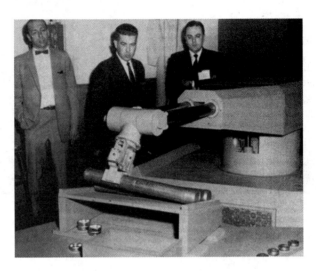

图 1-2　第一台工业机器人 Unimate

1973 年，第一台机电驱动的六轴机器人面世。德国库卡公司（KUKA）将工业机器人 Unimate 研发改造成其第一台产业机器人，命名为 Famulus，这是世界上第一台机电驱动的六轴机器人。

1974 年，瑞典通用电机公司（ASEA，ABB 公司的前身）开发出世界上第一台全电力驱动、由微处理器控制的工业机器人 IRB-6。IRB-6 采用仿人化设计，其手臂动作模仿人类的手臂，载重 6kg，有 5 个轴。IRB-6 的 S1 控制器是第一个使用英特尔 8 位微处理器、内存容量为 16KB、控制器有 16 个数字 I/O 接口、通过 16 个按键编程、具有四位数的 LED 显示屏。

图 1-3　通用工业机器人 PUMA

1978 年，美国 Unimation 公司推出通用工业机器人（Programmable Universal Machine for Assembly，简称 PUMA），应用于通用汽车装配线，这标志着工业机器人技术已经完全成熟。PUMA 至今仍工作在工厂生产的第一线。不仅如此，一些大学还将 PUMA 系列的工业机器人作为教具。图 1-3 所示为通用工业机器人 PUMA。1978 年，日本山梨大学的牧野洋发明了选择顺应性装配机器手臂（Selective Compliance Assembly Robot Arm，简称 SCARA）工业机器人，这是世界第一台 SCARA 工业机器人。

1979 年，日本不二越株式会社（NACHI）研制出第一台电机驱动的工业机器人。

2005 年，安川电机有限公司（YASKAWA）推出可代替人完成组装和搬运工作的机器人 MOTOMAN-DA20 和 MOTOMAN-IA20。值得一提的是，MOTOMAN-DA20 是仿造人类上半身设计的配有两个六轴驱动臂的双臂机器人，它具有绕垂直轴旋转的关节，尺寸与成年男性大体相当，可直接替代人完成稳定的搬运动作，还可以从事紧固螺母、部件组装及插入等作业。图 1-4 所示为 YASKAWA 的双臂机器人和单臂机器人。

2006 年，意大利柯马公司（COMAU）推出第一款无线示教器（Wireless Teach Pendant，WiTP），无线示教器使传统数据交互和机器人编程都能通过无线方式连接到控制器。

（a）MOTOMAN-DA20　　　　　　（b）MOTOMAN-IA20

图 1-4　YASKAWA 的双臂机器人和单臂机器人

　　2008 年，丹麦公司发明了第一台协作机器人 UR5，可以实现碰撞停止、图形化编程等功能，实现了协作机器人的普及。

　　中国对机器人的研究起步较晚，先后经历了 20 世纪 70 年代的萌芽期、80 年代的开发期和 90 年代的实用化期。1972 年，中国科学院沈阳自动化所开始了机器人的研究工作。1977 年，南开大学机器人与信息自动化研究所研制出中国第一台用于生物试验的微操作机器人系统。1985 年，上海交通大学机器人研究所完成了"上海一号"弧焊机器人的研究，这是中国自主研制的第一台有 6 个自由度关节机器人。1995 年 5 月，中国第一台高性能精密装配智能型机器人"精密一号"在上海交通大学诞生，它的诞生标志着中国已具有开发第二代工业机器人的技术水平。

　　经过 40 多年的发展，中国机器人的研究有了长足的发展，有的方面已经达到世界先进水平。但总体来看，中国机器人的研究仍然任重道远。

　　2000 年至 2010 年，国内工业机器人年均销量仅为数千台，市场上主要都是国外品牌。2010 年至 2013 年，随着汽车、3C 等行业需求的高速增长，推动了国内工业机器人的快速发展，销量开始超过万台。2013 年至 2017 年，国家对机器人的支持补贴政策密集出台，汽车、3C 等行业高速发展，国内工业机器人的产销量呈爆发式增长。2018 年至 2019 年，国内工业机器人的需求增速放缓。2020 年，伴随着新能源等行业的大力发展，国内工业机器人的产销量增速再次抬头，预计未来 3～5 年，国内工业机器人的产销量仍保持高速增长。

四、工业机器人的主要品牌

微课：工业机器人四大家族

1. 日系品牌

　　日系工业机器人的代表品牌有 FANUC、YASKAWA、NACHI、松下、OTC、三菱、川崎、EPSON 等。

　　自 1974 年 FANUC 首台机器人问世以来，FANUC 公司就致力于机器人技术的领先与创新，是世界上唯一一家由机器人来做机器人的公司。FANUC 机器人产品系列多达 240 种，载重为 0.5kg～1.35t，广泛应用于装配、搬运、焊接、铸造、喷涂、码垛等不同生产环节，满足客户的不同需求。

　　YASKAWA 公司是全球四大工业机器人品牌厂商之一，它以驱动控制、运动控制、机器人和系统工程四大事业板块为轴心，1977 年，YASKAWA 研发出日本首台全电气式工业机器人 MOTOMAN，如今 YASKAWA 工业机器人活跃于汽车零部件、机器、电机、金属、物流等各产业领域，广泛应用于弧焊、点焊、涂胶、切割、搬运、码垛、喷漆、科研及教学等领域。

NACHI 成立于 1928 年，是从原材料到机床、机器人的全方位综合型制造企业。公司主要着力于四大领域：机械加工领域、工业机器人领域、功能性物件领域和材料领域，主要产品有切削刀具、机床、轴承、液压设备、自动化生产用机器人、特种钢、面向 IT 产业的超精密机械及其环境系统，应用领域也十分广泛，如航天工业、轨道交通、汽车制造、机械加工等。

松下机器人专注于机器人焊接领域，松下电器产业株式会社也是老牌的电焊机制造厂家，在弧焊电源的设计开发领域处于领先地位，开发了丰富的机器人焊接技术和工艺。松下的焊接专用机器人将焊接电源与控制器融为一体，提供了机器人焊接一站式解决方案，体现了全数字焊接电源在机器人弧焊技术领域的先进水平。

日本 OTC 公司以"让使用者操作更方便，实现更高精度的焊接"为目标，积极开发新型焊接机和焊接技术，以这个目标为动力生产的焊接机获得大众的一致好评，OTC 公司也成为日本首屈一指的焊接机专业制造厂商，其产品面向全世界销售。OTC 公司于 1980 年开始研发弧焊机器人，是全球为数不多的同时生产机器人和焊接机的厂商。

2. 欧系品牌

欧系工业机器人的品牌主要有 ABB、KUKA、STÄUBLI（史陶比尔）、柯马等。

ABB 集团是世界上最大的机器人制造商之一，其总部位于瑞士苏黎世，由瑞典的阿西亚公司（ASEA）和瑞士的布朗勃法瑞公司（BBC Brown Boveri）在 1988 年合并而成。ABB 集团制造的工业机器人广泛应用于焊接、装配铸造、密封涂胶、材料处理、包装、喷漆、水切割等领域。

德国 KUKA 公司成立于 1898 年，是世界知名的为自动化生产行业提供柔性生产系统、机器人、夹具、模具及备件的供应商之一。自 1973 年研制开发了第一台机电驱动的六轴工业机器人至今，其制造的工业机器人被广泛应用于仪器、汽车、航天、食品、制药、医学、铸造、塑料等领域，主要用于材料处理、机床装配、包装、堆垛、焊接、表面修整等工作。

史陶比尔集团是全球机电一体化解决方案的专业供应商，主要制造生产精密机械电子产品：纺织机械、工业连接器和工业机器人。史陶比尔机器人产品覆盖 SCARA 工业机器人、六轴工业机器人、协作机器人、移动机器人系统和自动引导车（AGV）。

意大利柯马公司是一家隶属于菲亚特集团的全球化企业，成立于 1976 年，1978年开始研制和生产工业机器人。柯马机器人包括 Smart 系列功能机器人和 MASK 系列龙门焊接机器人，这些机器人广泛应用于汽车制造、铸造、家具、食品、化工、航天、印刷等领域。

3. 国产品牌

近 10 年来，国产工业机器人发展迅速，目前国产工业机器人的品牌主要有埃斯顿、新时达、埃夫特、新松等。

埃斯顿自动化集团是中国运动控制领域具有影响力的企业之一，其自动化核心部件产品线已完成从交流伺服系统到运动控制系统解决方案的战略转型。埃斯顿工业机器人产品线在公司自主核心部件的支撑下飞速发展，产品已经形成以六轴机器人为主，负载范围覆盖 3～600kg、54 种以上的完整规格系列，在新能源、焊接、金属加工、3C、电子、工程机械、航天航空等行业拥有众多客户和较大的市场份额。

上海新时达电气股份有限公司是中国机器人产业布局高度完备的企业，是一家集研发、设计、生产于一体的工业机器人供应商，其主要产品为多关节工业机械手与 SCARA 工业机器人，并具有焊接、切割、分拣、装配、打磨抛光等多种功能，可广泛应用于 3C、汽车零部件、食品饮料等领域。

埃夫特智能装备股份有限公司是中国机器人行业的领导企业之一，是中国机器人产业联盟的发起人和副主席单位。埃夫特机器人整机业务按照负载类型分为轻型桌面机器人、中小型负载机器人和大型负载机器人。轻型桌面机器人主要用于 3C 行业的搬运、上下料和教育行业的教学系统；中小型负载机器人主要用于家具、卫浴及集装箱行业的打磨喷涂，钢结构行业的焊接喷涂，金属加工行业的搬运等；大型负载机器人主要用于汽车工业的焊接、搬运和通用工业的搬运、码垛。

新松机器人自动化股份有限公司作为中国机器人产业的翘楚和工业 4.0 的践行者与推动者，成功研制了具有完全自主知识产权的工业机器人、移动机器人、特种机器人、协作机器人、医疗服务机器人五大系列百余种产品，面向半导体装备、智能装备、智能物流、智能工厂、智能交通等领域，形成十大产业方向，致力于打造数字化物联新模式。

五、工业机器人的分类

工业机器人的分类并没有统一的国际标准，一般可按机器人的技术等级、结构特征、应用领域等进行分类，如图 1-5 所示。也可按负载、控制方式、自由度等进行分类。

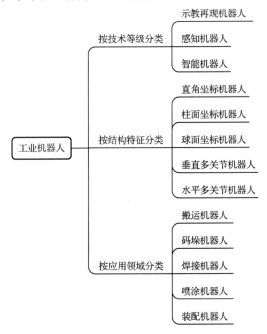

图 1-5　工业机器人的分类

1．按技术等级分类

工业机器人按机器人的技术等级可分为示教再现机器人、感知机器人和智能机器人。示教再现机器人能够按照人预先示教的轨迹、动作、顺序和速度重复作业，示教可以手把手进行，也可以通过示教器完成。感知机器人具有环境感知装置，能够适应环境变化，一般配备有视觉、力觉等感知传感器。智能机器人具有发现问题并解决问题的能力，尚处于不断发展和完善阶段。

2．按结构特征分类

工业机器人按机器人的结构特征可分为直角坐标机器人、柱面坐标机器人、球面坐标机器人、垂直多关节机器人、水平多关节机器人。直角坐标机器人具有空间上相互垂直的多个直线移动轴，通过直角坐标方向的 3 个独立自由度确定其手部空间位置，其动作空间为长方体，如图 1-6（a）所示。柱面坐标机器人主要由旋转基座、垂直移动轴和水平移动轴组成，具有一个回转自由度和两个平移自由度，其动作空间为圆柱体，如图 1-6（b）所示。球面坐标机器人的空间位置分别由旋转、摆动和平移 3 个自由度确定，其动作空间为球体，如图 1-6（c）所示。垂直多关节机器人模拟人手臂的功能，由垂直于地面的腰部旋转轴、带动小臂旋转的肘部旋转轴及小臂前端的手腕等组成，手腕通常有 2～3 个自由度，其动作空间近似为球体，如图 1-6（d）所示。水平多关节机器人有两个串联配置的、能够在水平面内旋转的手臂，自由度可依据用途选择 2～4 个，其动作空间为圆柱体，如图 1-6（e）所示。

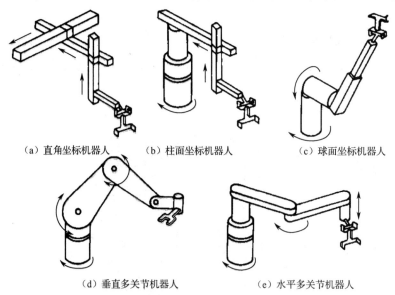

（a）直角坐标机器人　　（b）柱面坐标机器人　　　（c）球面坐标机器人

（d）垂直多关节机器人　　　（e）水平多关节机器人

图 1-6　工业机器人按结构特征分类

3．按应用领域分类

工业机器人按机器人的应用领域可分为搬运机器人、码垛机器人、焊接机器人、喷涂机器人、装配机器人，如图 1-7 所示。

搬运机器人被广泛应用于机床上下料，冲压机自动化生产线，自动装配流水线，码垛、集装箱的自动搬运等领域。

（a）搬运机器人

（b）码垛机器人

（c）焊接机器人

（d）喷涂机器人

（e）装配机器人

图 1-7　工业机器人按应用领域分类

码垛机器人被广泛应用于化工、食品、塑料等行业，对纸箱、啤酒箱、袋装、罐装、瓶装等各种形状的包装形式都适用。

焊接机器人被广泛应用于汽车、铁路、家电、建材、机械等行业。

喷涂机器人可进行自动喷漆或喷涂其他涂料的工作，具有动作速度快、防爆性能好等特点，广泛应用于汽车、仪表、电器、搪瓷等行业。

装配机器人被广泛应用于各种电器制造行业及流水线产品的组装作业，具有高效、精确、不间断工作等特点。

任务二　工业机器人的系统结构和运动控制技术

微课：工业机器
人的系统组成

一、工业机器人的系统组成

工业机器人一般由 3 部分组成：机器人本体、控制器和示教器，如图 1-8 所示。

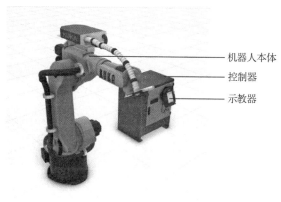

机器人本体
控制器
示教器

图 1-8　工业机器人组成

1. 机器人本体

机器人本体是工业机器人的机械主体，是用来完成各种作业的执行机构。它主要由机械臂、驱动装置（电机）、传动机构（减速机）及传感系统等组成。机械臂一般有 4～6 个自由度，六自由度的机器人比四自由度的机器人一般多了第四轴（前臂转动关节）和第五轴（腕关节），机器人本体的结构如图 1-9 所示。

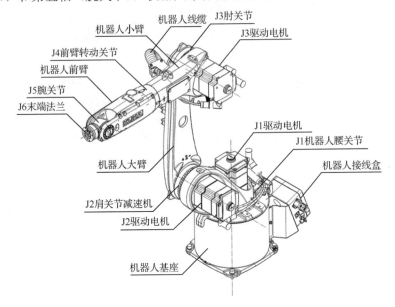

图 1-9　机器人本体的结构

机器人本体最后一个轴的机械接口通常为一个连接法兰（末端法兰），可安装不同的机械操作装置，如焊枪、夹爪、吸盘等，如图 1-10 所示。

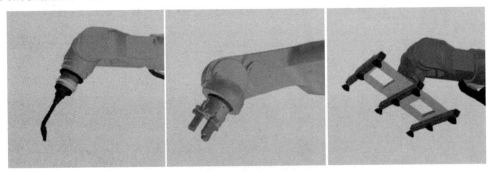

图 1-10　机器人末端法兰常安装的工具

1）机械臂

关节型工业机器人的机械臂是由关节串连在一起的许多机械连杆的集合体，实质上是一个模拟人手臂的空间开链式机构，一端固定在基座上，另一端可自由运动。由关节连杆机构组成的机械臂一般可分为基座、腰部、手臂（大臂、小臂）、手腕 4 部分。

基座是机器人的基础部分，起支撑作用。腰部是机器人手臂的支撑部分。手臂是连接机身和手腕的部分，是执行机构中的主要运动部件，主要用于改变手腕和末端执行器的空间位置。手腕是连接末端执行器和手臂的部分，主要用于改变末端执行器的空间姿态。

2）驱动系统

机器人的驱动系统主要包括驱动装置和传动机构两部分，驱动系统用于给机器人各部位、各关节动作提供动力。驱动系统可以是液压传动系统、气动传动系统、电动传动系统，也可以是把它们结合起来的综合系统；可以直接驱动，也可以通过同步皮带、链条、轮系、谐波齿轮等机械传动机构间接驱动。

目前机器人一般都采用电力驱动方式，这种驱动方式操作简单、驱动装置速度变化范围大、效率高、速度快、位置精度高。电力驱动装置主要采用直流电机、步进电机或交流伺服电机，以交流伺服电机最为多见。这是因为直流电机的电刷容易磨损，易形成火花，而步进电机驱动多为开环控制，功率不大，一般只用于低精度、小功率的机器人系统。

电力驱动装置一般多与减速传动机构相连，直接驱动机械臂比较困难。减速传动机构的目的是将电机驱动装置输出的较高转速转换成较低转速，并获得较大的力矩。机器人中应用较多的减速传动机构有齿轮链、同步皮带和谐波齿轮。

齿轮链结构简单，转速关系和力矩关系清楚，但传动间隙大，精度不高，运动噪声大，传动机构体积大，高端场合较少采用。同步皮带是具有许多齿形的皮带，与具有齿形的同步皮带轮相啮合，工作时相当于柔软的齿轮，这种传动无滑动、柔性好、价格便宜、重复定位精度高，但同步皮带具有一定的弹性变形，绝对位置精度并不高。谐波齿轮由刚性齿轮、谐波发生器和柔性齿轮 3 个主要零件组成，一般刚性齿轮固定，谐波发生器驱动柔性齿轮旋转，这种传动机构传动比大、传动平稳、承载力高、传动效率可达 70%～90%、传动精度高，比普通齿轮的传动精度高 3～4 倍，但价格也相对较高。

3）传感系统

机器人的传感系统由内部传感器模块和外部传感器模块组成，用以获取内部和外部环境状态中有意义的信息。智能传感器的使用提高了机器人的机动性、适应性和智能化的水平。

机器人传感器主要用于机器人位置检测和末端执行器的力量检测。位置检测目前主要采用旋转光学编码器，通过光电探测器把光脉冲转化成 A 相和 B 相两路二进制波形，轴的转角通过计算脉冲数得到，转动方向由两路方波信号的相对相位决定。力传感器通常安装的 3 个位置：关节驱动器上、末端执行器与机械臂终端关节之间、末端执行器的"指尖"上。安装在关节驱动器上能测量驱动器和减速器的力矩，通过力矩间接得出执行器与环境的接触力，接触力不能直接检测。

2. 控制器

机器人控制器是根据指令及传感信息控制机器人完成一定动作或作业任务的装置，是决定机器人功能和性能的主要因素，也是机器人系统中更新和发展最快的部分，其基本功能有示教功能、记忆功能、位置伺服功能、坐标设定功能、与外围设备联系功能、故障诊断安全保护功能等。机器人控制器如图 1-11 所示。

控制器是工业机器人的大脑，主要由硬件和软件两部分构成，硬件主要有控制板卡、驱动电源、通信接口等，软件主要有工业机器人系统软件和应用软件包，内置工业机器人运动控制算法，控制工业机器人在工作空间中的运动位置、姿态和轨

迹，操作顺序及动作的时间等。

图 1-11　机器人控制器

依据控制系统的开放程度，可将机器人控制器的系统分为 3 类：封闭型、开放型和混合型。目前基本上都是封闭型系统（日系机器人）或混合型系统（欧系机器人）。

按计算机的结构、控制方式和控制算法，机器人控制器又可分为集中式控制器和分布式控制器两种。

1）集中式控制器

优点：硬件成本低，便于信息采集和分析，易于实现系统的最优控制，整体性与协调性较好，基于计算机的系统硬件扩展较为方便。

缺点：系统控制缺乏灵活性，控制危险容易集中，一旦出现故障，其影响面广，后果严重；大量的数据计算会降低系统的实时性，系统对多任务的响应能力也会与系统的实时性相冲突；系统连线复杂，会降低系统的可靠性。

2）分布式控制器

分布式控制器的主要思想为"分散控制，集中管理"，是一个开放、实时、精确的机器人控制系统。分布式控制器常采用两级控制方式，由上位机和下位机组成。

优点：系统灵活性好，控制系统的危险性降低，采用多处理器分散控制，有利于系统功能的并行执行，提高系统的处理效率，缩短系统的响应时间。

缺点：技术要求较高，软硬件更复杂，系统总体的调度、协调和优化更困难。系统总体通信量增大，带来了通信的安全性和保密性问题。

3. 示教器

机器人示教器是进行机器人手动操纵、程序编写、参数设置及监控用的手持装置，也称示教编程器或示教盒，主要由液晶屏幕和操作按键组成，不同品牌工业机器人的示教器如图 1-12 所示。

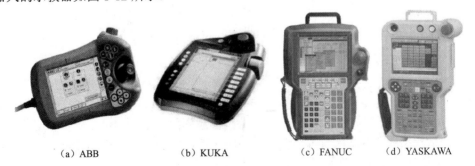

（a）ABB　　　　（b）KUKA　　　　（c）FANUC　　　（d）YASKAWA

图 1-12　不同品牌工业机器人的示教器

示教器具有很多优点，工程师和操作员在调试机器人时都需要用到它。

1）保证操作安全

在对非协作型工业机器人进行编程时，需要使用失能开关。这是一种在操作员失去行为能力，如死亡、失去意识或离开控制设备时，能自动动作的开关。它一般作为失效安全的一种形式，停止机器以避免可能发生的危险。示教器使用户能够通过使用钥匙将机器人的操作模式在示教模式和无限制操作之间相互切换，从而控制失能开关。

对于协作型工业机器人，也有一些紧急情况需要工业机器人自动停止工作。示教器有确保安全的保护性停机功能。所有系统都有可能出现故障，所以操作员需要有能力控制工业机器人并将其行为模式切换到安全模式，以便操作员进入工作单元或将机器人移至任何需要的位置。示教器是执行这些操作最有效的工具。

2）方便监控

示教器可以用来监控机器人和工作单元中的所有设备是否存在行为错误并报警，甚至可以判断机器人可能的行为错误。在程序运行时，示教器是了解机器人操作及整个程序控制位置的窗口。

3）方便测试

示教器也是测试机器人新程序的好工具，测试方便快捷。当然，除了用示教器进行测试，还可以通过第三方工具，如用机器人离线编程（OLRP）应用程序完成测试。与 OLRP 相比，示教器可以更快、更便捷地完成一些简单的编程任务。使用示教器执行的其他测试活动包括示教基坐标和工具坐标，操作员可以缓慢运行机器人以确认其如何在工作单元中移动，还可以验证工作单元中机器人及其工装工具的作用范围。

4）便于对机器人程序进行实时调整

有时机器人可能因故错误地沿一个方向漂移一定的距离，导致精度降低；有时机械臂末端工具对齐不正确或无法到达零件；有时在仿真模拟时运动效果虽然是完美无抖动的，但实际并非如此。诸如此类，示教器能够起到补偿的作用，虽然作用很小，但即使补偿 1mm，也可能使结果优化到令人满意的程度。

5）可以可靠地提示操作员进行所需的输入

在开始新任务时，示教器可以提醒操作员暂停程序以检查零件或应用程序的其他模块。当应用程序运行时，帮助操作员进行任务交互。在 OLRP 软件中是无法进行此类操作的。

6）可在工作单元中集成许多特殊功能组件

许多工厂都有特定开发的子程序，如用于零件下架的子程序，可以很容易地将其保留在示教器中。操作员先将程序加载到机器人上，再编写子程序，以协调机器人的运动与工作单元中的其他组件的活动。这些子程序的编码也由示教器执行，而在 OLRP 中，相应的工作无法做到。

7）允许用户添加控制逻辑

一旦操作员创建并测试了他的程序，就需要运行数十个零件。使用示教器，操作员可以添加控制逻辑，使应用程序可以在无人看管的情况下运行，通常可以与工作单元中的其他机器人或设备配合使用。相反，大多数 OLRP 软件既没有内置的控制逻辑结构，又不允许添加。

此外，示教器实现了配置应用程序和执行应用程序之间的高度交互。因为不需要由其他设备传输程序，所以示教器可以快速、有效地执行任务。

示教器也存在一些不足之处。大多数示教器都是各品牌独立开发的，不能共享，如几家著名的机器人供应商，KUKA、ABB 和 FANUC，它们的示教器不能混用。许多示教器也缺乏我们日常设备所具有的部分基本功能，如简单的复制、粘贴等功能。

因此，示教器需要革新，有些公司已经有了一些成果。革新后的示教器可以减少或消除学习使用机器人系统所需的培训时间及机器人的停机时间。此外，它还允许部署更多的机器人系统并对其进行更快速地编程。借助可视化编程软件，如 Task Canvas，几乎可以控制所有品牌的工业机器人。当前，全世界知名品牌的机器人都有自己的示教器和控制软件。另外，几乎每种机器人都有独特的编程或脚本语言，需要大量培训才能确保被正确使用。革新后的示教器不再需要复杂的机器人编程语言，它具有直观的触摸屏界面，也不需要操作员通过键盘访问复杂的菜单。

示教器是机器人生态系统的关键部分。我们需要学习并了解它，从而让它更好地为我们服务。

二、工业机器人的主要技术参数

工业机器人的主要技术参数有以下几个：自由度、工作范围、最大工作速度、负载能力、定位精度和重复定位精度。

1. 自由度

自由度是描述物体运动所需要的独立坐标数。自由物体在空间内有 6 个自由度，即 3 个移动自由度和 3 个转动自由度。工业机器人是一个开式连杆系统，每个运动关节有 1 个自由度，自由度的个数就是关节的个数。目前生产中应用的机器人通常具有 4~6 个自由度，如图 1-13 所示。

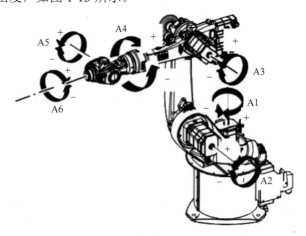

图 1-13　工业机器人的自由度

2. 工作范围

工作范围是指工业机器人手臂末端或手腕中心运动时所能到达的所有点的集

合，工作范围一般指不安装末端执行器时的工作区域。

KUKA KR6 R1820 arc HW 机器人的工作范围如图 1-14 所示，工作区域半径为 1823.5mm，罩在机器人周围的阴影部分为机器人的可达范围。

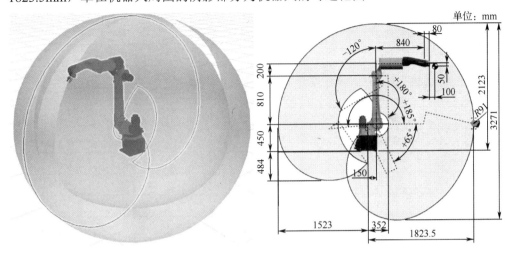

图 1-14　KUKA KR6 R1820 arc HW 机器人的工作范围

3. 最大工作速度

最大工作速度是指机器人主要关节上的最大稳定速度或手臂末端的最大合成速度，不同生产厂家的标注不尽相同，一般都会在技术参数中加以说明。

4. 负载能力

负载能力又称有效负载，是指机器人在工作时臂端所能搬运的物体质量或所能承受的力。当关节型机器人的臂杆处于不同位姿时，其负载能力是不同的。机器人的额定负载能力是指其臂杆在工作空间内任意位姿时腕关节端部所能搬运的最大质量。

KUKA KR6 R1820 arc HW 机器人参数如表 1-3 所示。KUKA KR6 R1820 arc HW 轴参数如表 1-4 所示。

表 1-3　KUKA KR6 R1820 arc HW 机器人参数

最大运动范围	1823.5mm
额定负载	6kg
旋转机构/大臂/小臂的额定附加负载	0kg/0kg/10kg
额定总负载	16kg
位姿重复精度（ISO 9283）	±0.04mm
轴数	6
安装位置	地面；屋顶；墙壁
占地面积	333.5mm×307mm
质量	约188kg

表 1-4 KUKA KR6 R1820 arc HW 轴参数

运动范围	
A1	±170°
A2	−185°～+65°
A3	−120°～+180°
A4	±165°
A5	−115°～+140°
A6	±350°
额定负载时的速度	
A1	220°/s
A2	178°/s
A3	270°/s
A4	430°/s
A5	430°/s
A6	630°/s

5．定位精度和重复定位精度

机器人精度是机器人选型的重要参数，工业机器人精度的两个指标是定位精度和重复定位精度，定位精度是指示教值与实际值的偏差，即机器人停止运行时，实际到达位置和要求到达位置的误差。例如，要求一个轴移动 100mm，实际上它移动了 100.01mm，多出来的 0.01mm 就是定位精度。重复定位精度指机器人往复多次到达一个点的位置偏差，即同一个位置两次定位之间的误差。例如，要求一个轴移动100mm，结果第一次实际上移动了 100.01mm，重复一次同样的动作，实际上移动了99.99mm，两者之间的误差 0.02mm 就是重复定位精度。重复定位精度通常由重复测得的 30 次机器人实际位置的偏差计算得出。

通常情况下重复定位精度比定位精度要高得多。重复定位精度取决于机器人关节减速机及传动装置的精度，定位精度取决于机器人的算法。机器人工作时点到点或焊接、涂胶等工作的轨迹都可以用重复定位精度来判断机器人的工作质量。

三、工业机器人的运动轴与坐标系

微课：工业机器人的轴与坐标系

1．工业机器人的运动轴

工业机器人的运动轴按功能可分为机器人轴、基座轴、工装轴。基座轴和工装轴统称为外部轴。机器人轴与外部轴如图 1-15 所示。

以 KUKA 机器人为例，KUKA 机器人各运动轴如图 1-16 所示。

A1 轴、A2 轴和 A3 轴称为基本轴或主轴，用以保证末端执行器可以到达工作空间的任意位置。A4 轴、A5 轴和 A6 轴称为腕部轴或次轴，用以实现末端执行器的任意空间位姿。

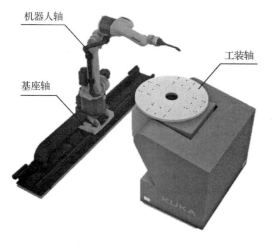

图 1-15　机器人轴与外部轴

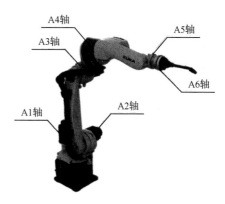

图 1-16　KUKA 机器人各运动轴

A1 轴实现机器人本体的左右回转运动，A2 轴实现大臂的上下运动，A3 轴实现小臂的前后运动，A4 轴实现小臂的回旋运动，A5 轴实现手腕的弯曲运动，A6 轴实现手腕绕法兰中心轴的旋转运动。

2. 工业机器人的坐标系

目前，大部分工业机器人系统使用关节坐标系和直角坐标系，直角坐标系又包括工具坐标系、世界坐标系和用户坐标系，工业机器人的坐标系如图 1-17 所示。

图 1-17　工业机器人的坐标系

TCP（Tool Centre Point）为工具中心点，是机器人系统的位置控制点，出厂时默认位于最后一个运动轴或安装法兰的中心位置，安装工具后，TCP 的位置将发生改变，需要测量 TCP 的位置。

在关节坐标系中，工业机器人各关节独立运动，有几个关节就能进行几个自由度的独立运动。

直角坐标系是工业机器人示教和编程时经常使用的坐标系，原点定义在工业机器人安装面与第一转动轴的交点处，X 轴向前，Z 轴向上，Y 轴向右，X 轴、Y 轴、Z 轴的正方向按右手法则确定。工业机器人的直角坐标系如图 1-18 所示。

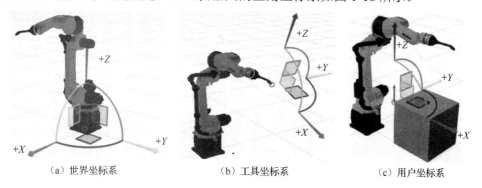

（a）世界坐标系　　　　　（b）工具坐标系　　　　　（c）用户坐标系

图 1-18　工业机器人的直角坐标系

在直角坐标系中，工业机器人各轴按照指令方向协同运动，根据运动算法控制参与运动的轴，并给各轴驱动系统分配相应的速度。

世界坐标系是一个不变的坐标系，以工业机器人的基座安装面中心点为原点。工具坐标系则以测量好的 TCP 为原点，X 轴、Y 轴、Z 轴方向也与世界坐标系不同，由 TCP 测量确定各轴方向，KUKA 机器人最多可以设定 16 个工具坐标系。用户坐标系是用户依工件或平台自行设定的直角坐标系，方便工业机器人在工件上示教找点，在 KUKA 机器人系统中，最多可以设定 32 个用户坐标系。

1+X 测评

一、填空题

（1）工业机器人的坐标系主要有_____、_____、_____、_____。

（2）直角坐标机器人的工作范围是_____形状；柱面坐标机器人的工作范围是_____形状。

（3）工业机器人的常用坐标系有_____、_____、_____。

（4）谐波齿轮传动机构由_____、_____、_____3 个主要零件构成。

（5）世界上第一台工业机器人是诞生于_____（地点）的_____（名称）。

（6）机器人的常用末端工具有_____、_____、_____、_____等。

（7）常说的机器人四大家族是_____、_____、_____、_____四大品牌。

（8）工业机器人由_____、_____、_____三大部分组成。

（9）工业机器人的主要技术参数有：_____、_____、_____、_____、_____等。

（10）将机器人安装在_____上可以大大拓展机器人的工作范围。

二、判断题

（1）工业机器人的机械结构系统由基座、手臂、手腕、末端执行器 4 部分组成。（　　）

（2）直角坐标机器人的动作空间为圆柱。（　　）

（3）如果机器人最大稳定速度高，允许的极限加速度小，那么加减速的时间会长一些。（　　）

（4）机器人负载是指机器人在工作范围内的特定位姿上所能承受的最大质量。（　　）

（5）一般工业机器人的手臂具有 4 个自由度。（　　）

（6）工业机器人的手我们一般称为末端执行器。（　　）

（7）工业机器人控制系统的主要功能有示教再现功能与运动控制功能。（　　）

（8）机器人的示教器主要用于编写机器人程序。（　　）

（9）工业机器人运动轴按其功能可划分为机器人轴、基座轴、工装轴。（　　）

（10）工业机器人的世界坐标系、工具坐标系、用户坐标系都是关节坐标系。
（　　）

【课程思政案例】

"中国机器人之父"蒋新松

"生命总是有限的，但让有限的生命迸发出更大的光和热，让生命更有意义，这是我的夙愿。"

"科学事业是一种永恒探索的事业，它既没有起点，也没有终点。成功的欢乐，永远是一刹那。无穷的探索、无穷的苦恼，正是它本身的魅力所在。"

——蒋新松

在中国水下机器人的研制史上，记录着一页页辉煌的篇章："海人一号"实现了中国水下机器人零的突破；"瑞康四号"开创了中国近海石油勘探钻井首次使用国产机器人的成功纪录；"探索者一号"则刷新了深潜 1000 米纪录；中俄两国共同成功研制了 6000 米水下机器人，使中国跻身于世界机器人研制的强国行列……短短十几年，中国水下机器人事业由梦想变为现实。这一连串耀眼的成果都与一个人的名字紧紧相连，他就是中国机器人科研事业的开拓者、中国机器人之父——蒋新松。

蒋新松（1931—1997），机器人专家，战略科学家，1994 年 5 月当选中国工程院首批院士。生前系中国科学院沈阳自动化研究所所长，研究员，博士生导师，国家高科技研究发展计划（863 计划）自动化领域首席科学家。他牵头创建了国家机器人技术研究开发工程中心和中科院机器人学开放实验室，为中国机器人学研究及机器人技术工程化建立了基地。1996 年获中国工程院首届工程科技奖，先后获得全国科学大会成果奖、中国科学院重大成果奖、中国科学院科技进步一等奖等荣誉，并参加了国家 863 计划的制订。

模块二

工业机器人焊接系统

【学习任务】

任务一　认识焊接机器人
任务二　弧焊机器人系统
任务三　点焊机器人系统
任务四　激光焊接机器人系统
1+X 测评

【学习目标】

1. 了解焊接机器人分类及应用优势
2. 掌握弧焊机器人系统组成
3. 掌握点焊机器人系统组成
4. 掌握激光焊接机器人系统组成

任务一　认识焊接机器人

焊接机器人是从事焊接作业的工业机器人。焊接机器人需要在工业机器人的末端法兰处安装焊枪、焊钳或激光焊接头，使之能进行焊接作业。

一、焊接机器人发展及应用现状

焊接机器人诞生至今已有三代：第一代是示教再现型机器人，焊接机器人不具备外界信息的反馈能力，操作员通过示教器控制机器人的行动；第二代是具有感知能力的焊接机器人，焊接机器人依托传感技术，获得了一定的环境感知能力，可以根据既定规则对环境变化做出响应；第三代是智能型焊接机器人，不仅具有感知能力，还具有独立判断、行动、记忆、推理和决策能力，能完成更加复杂的动作。早期的焊接机器人缺乏"柔性"，焊接路径和焊接参数须根据实际作业条件预先设置，工作时存在明显的缺点。随着计算机控制技术、人工智能技术和网络控制技术的发展，焊接机器人也由单一的单机示教再现型向以智能化为核心的多传感器、智能化的柔性加工单元（系统）方向发展。

根据国际机器人联合会（IFR）公布的结构占比，世界上约 50% 的机器人都用于焊接。具体而言，33% 的机器人用于点焊，16% 的机器人用于弧焊，1% 的机器人用于其他类型的焊接操作。焊接机器人应用于工业自动化行业内的高端领域，该行业是充分竞争的行业，在国际社会上，美国、日本和欧洲的公司在焊接机器人的市场中占据主导地位。从工业机器人企业竞争格局来看，瑞典 ABB、日本 FANUC、日本 YASKAWA 和德国 KUKA 这四家企业仍是工业机器人的四大家族，是全球主要的工业机器人供货商，占据全球约 50% 的市场份额，其中 FANUC 公司的销售占比最高，占比达到 17.3%。

然而，近年来国内部分焊接机器人产品已打破国外垄断局面，产品进入重要生产环节。例如，汽车用焊接机器人领域，特别是美的集团收购了德国 KUKA 公司，使得国内焊接机器人设备供应商已开始间接进入汽车整车生产领域，并占有一定的市场份额。来自瑞典、德国、日本等国的世界知名焊接机器人企业已受到来自中国本土的焊接机器人企业的挑战。

从焊接机器人系统集成综合能力来看，国内竞争力较强的焊接机器人系统集成商主要有安徽巨一、大连奥托、华恒焊接、广州明珞、天津福臻、上海鑫燕隆、安徽瑞祥、广州瑞松、上海德梅柯、长沙长泰等企业。从焊接机器人本体生产和销售来看，国内知名的焊接机器人品牌主要有广州数控、南京埃斯顿、沈阳新松、芜湖埃夫特、上海新时达等。

根据国家统计局数据显示，2021 年 1—8 月，全国规模以上工业企业的焊接机器人产量为 23.92 万套，同比增长 63.9%，焊接机器人创下历年同期新高。从应用领域来看，现阶段焊接机器人更多地被应用于汽车制造、电子电气设备制造行业，在其他行业的应用仍有很大的开发空间。

二、焊接机器人分类

1. 按照自动化技术程度分类

根据自动化技术程度的不同，焊接机器人可分为 3 类：第一类为示教再现型机器人，属于第一代焊接机器人，由操作员将完成某项作业所需的运动轨迹、运动速度、触发条件、作业顺序等信息通过直接或间接的方式对焊接机器人进行"示教"，焊接机器人通过记忆单元将示教过程进行记录，在一定的精度范围内，重复再现示教的内容，目前在工业中得到大量应用的焊接机器人多属于此类；第二类为具有一定智能控制技术、能够通过传感器（触觉、力觉、视觉传感器等）对环境进行一定程度的感知，并根据感知到的信息对焊接机器人作业内容进行适当的反馈控制，对焊枪对中情况、运动速度、焊枪姿态、焊接是否开始或终止等进行修正，属于焊接机器人在其自动化技术发展过程中的第二代，采用接触式传感技术、结构光视觉等方法实现焊缝自动寻位与自动跟踪的焊接机器人就属于此类；第三类焊接机器人除了具有一定的感知能力，还具有一定的决策和规划能力，如能够利用计算机处理传感器的反馈信息并对焊接任务进行规划，或者根据焊接过程中的多传感信息进行智能决策等，该类焊接机器人仍处于研究阶段，尚未进行实际应用。

2. 按性能指标分类

按照焊接机器人性能指标的不同，可将其分为 5 类：超大型焊接机器人、大型焊接机器人、中型焊接机器人、小型焊接机器人、超小型焊接机器人，如表 2-1 所示。

表 2-1　焊接机器人按性能指标分类

分　类	负载 P/N	作业空间 V/m^3
超大型焊接机器人	$P \geq 10^7$	$V \geq 10$
大型焊接机器人	$10^6 \leq P < 10^7$	$V \geq 10$
中型焊接机器人	$10^4 \leq P < 10^6$	$1 \leq V < 10$
小型焊接机器人	$1 \leq P < 10^4$	$0.1 \leq V < 1$
超小型焊接机器人	$P < 1$	$V < 0.1$

3. 按所采用的焊接工艺分类

按照焊接机器人作业中所采用的焊接工艺，可将焊接机器人分为点焊机器人、弧焊机器人、激光焊接机器人、搅拌摩擦焊机器人等类型。

1）点焊机器人

点焊机器人具有负载大、工作空间大的特点，配备有专用的点焊钳，并能实现灵活准确的运动，以适应点焊作业的要求，其最典型的应用是用于汽车车身的自动装配生产线。

2）弧焊机器人

因弧焊连续作业的要求，需实现连续轨迹控制，也可利用插补功能根据示教点生成连续焊接轨迹，弧焊机器人除了机器人本体、示教器与控制器，还包括焊枪、自动送丝机构、焊接电源、保护气体相关部件等，根据熔化极焊接与非熔化极焊接的区别，其自动送丝机构在安装位置和结构设计上也有不同的要求。

3）激光焊接机器人

激光焊接机器人除了满足较高的精度要求，还常通过与线性轴、旋转台或其他机器人协作的方式实现复杂曲线焊缝或大型焊件的灵活焊接。

4）搅拌摩擦焊机器人

搅拌摩擦焊机器人结合了搅拌摩擦焊技术和工业机器人技术，利用机器人的柔性化特征实现直线、平面二维和空间三维的搅拌摩擦焊，该设备可保证搅拌摩擦焊接过程的稳定性，实现焊接过程的高度自动化、全程无人干预等优点。搅拌摩擦焊机器人除了机器人本体、示教器与控制柜，还包括搅拌系统、搅拌摩擦控制系统、液冷系统等。

三、焊接机器人应用优势

微课：搅拌摩擦焊机器人

焊接机器人之所以能够占据整个工业机器人总量的 50%，与焊接这个特殊的行业有关，焊接作为工业"裁缝"，是工业生产中非常重要的加工手段，同时由于焊接烟尘、弧光、金属飞溅的存在，导致焊接作业的工作环境非常恶劣，焊接质量的好坏对产品质量起决定性的作用，因此归纳起来采用焊接机器人进行焊接主要有以下应用优势。

（1）焊接质量稳定，保证其均一性。焊接参数，如焊接电流、焊接电压、焊接速度及焊接干伸长度等对焊接结果起决定性的作用。采用焊接机器人焊接时，对于每条焊缝的焊接参数都是恒定的，焊缝质量受人为因素影响较小，降低了对工人操作技术的要求，因此焊接质量是稳定的。而人工焊接时，焊接速度、焊接干伸长度等都是变化的，因此很难做到质量的均一性。

（2）生产率提高。焊接机器人不会疲劳，可24小时连续生产，另外随着高速高效焊接技术的应用，使用焊接机器人焊接，效率提高得更加明显。

（3）工人的劳动条件改善。采用焊接机器人焊接时，工人只需要装卸工件，远离了焊接烟尘、弧光和金属飞溅等恶劣的环境条件，对于点焊来说工人不再需要搬运笨重的手工焊钳，使工人从大强度的体力劳动中解脱出来。

（4）产品周期明确，容易控制产品产量。焊接机器人的生产节奏是固定的，因此安排生产计划非常明确。

（5）产品改型换代的周期缩短，减少相应的设备投资。可实现小批量产品的焊接自动化。焊接机器人与专机的最大区别就是它可以通过修改程序以适应不同焊件的生产要求。

任务二　弧焊机器人系统

弧焊机器人主要应用于各类汽车零部件、工程机械、金属行业的自动化生产过程，主要有熔化极焊接作业和非熔化极焊接作业两种类型，具有可长期进行焊接作业，保证焊接作业的高生产率、高质量和高稳定性等特点。

弧焊机器人系统主要由机器人本体、机器人控制器、示教器、焊接电源、焊枪、送丝装置、变位机等组成，如图2-1所示。

微课：弧焊机器人工作过程

微课：弧焊机器人协同焊接

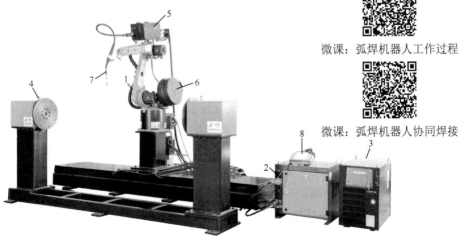

1—机器人本体；2—机器人控制器；3—焊接电源；4—变位机；5—送丝装置（送丝机构）；

6—送丝装置（焊丝盘）；7—焊枪；8—示教器。

图2-1　弧焊机器人系统组成

一、弧焊机器人本体、机器人控制器及示教器

弧焊机器人本体、机器人控制器及示教器是弧焊机器人系统中的主要组成部分，其功能如表 2-2 所示。

表 2-2　弧焊机器人本体、机器人控制器及示教器的功能（KUKA）

单元组成	主要功能	设备图
机器人本体	弧焊机器人本体主要为六轴机器人，可携带焊枪完成空间运动，为提高机器人动作的灵活性和可达性，可以利用冗余自由度，如七轴机器人本体或外部附加轴等	焊枪 机器人本体
机器人控制器	机器人控制器是弧焊机器人的"大脑"，具有控制、决策等功能；可以集成弧焊工艺软件包，支持与焊接电源之间多种方式的总线通信	
示教器	人机交互接口，主要用于弧焊机器人手动操作、示教编程、错误诊断、状态确认等	

二、焊接电源

焊接电源是用来对焊接电弧提供电能的一种专用设备。焊接电源是焊接工艺装备的"核心"，主要功能是将工业级交流电源转化成满足焊接工艺需要的电源，弧焊电源的负载是电弧，在选择弧焊电源时，必须考虑到其是否具有弧焊工艺要求的电气性能，如合适的空载电压、一定形状的外部特性、灵活的调节特性及良好的动态特性等。弧焊电源按照输出的电流可以分为交流、直流、脉冲 3 种；按照输出外特性特征分类，可以分为恒压特性、恒流特性、缓降特性 3 种。焊接电源及其功能如表 2-3 所示。

表 2-3　焊接电源及其功能

单元组成	主 要 功 能	设 备 图
焊接电源	提供适合弧焊所需的电流、电压。为实现弧焊机器人自动焊接通常选用全数字焊接电源，实现与机器人控制器之间总线通信	

三、焊枪

弧焊机器人焊枪的主要作用是提供电弧稳定燃烧及熔池保护所需介质的通道，通常焊枪上装有碰撞传感器，以减轻弧焊机器人及焊枪因碰到工件所造成的损坏。此外，为避免焊枪长时间持续焊接时因温度过热而损坏，焊枪上一般有冷却通道，用于冷却介质水或空气的流通。根据冷却介质的不同，可分为水冷焊枪和空冷焊枪。Ar、He 气体保护焊电流超过 200A 或 CO_2 气体保护焊电流超过 500A 时，基本采用水冷方式。焊枪及其功能如表 2-4 所示。

表 2-4　焊枪及其功能

单元组成	主 要 功 能	设 备 图
焊枪	提供电弧燃烧所需的焊丝、电流、气体、冷却介质通道，弧焊机器人的焊枪主要有内置和外置两种方式：焊枪直接安装在弧焊机器人手腕上，气管、电缆、焊丝从弧焊机器人手腕、手臂的内部引入，这种焊枪称为内置焊枪；焊枪、气管、电缆、焊丝通过支架安装在弧焊机器人手腕上，气管、电缆、焊丝从弧焊机器人手腕、手臂的外部引入，这种焊枪称为外置焊枪	焊枪 碰撞传感器

四、送丝装置

弧焊机器人工作站所配备的送丝装置由送丝机、焊丝盘及送丝软管 3 部分组成。弧焊机器人的送丝稳定性是关系到焊接能否连续稳定进行的重要因素。送丝机的安装方式可以分为一体式和分离式两种，一体式即送丝机可安装于机器人上臂后部，与机器人本体组合使用。将送丝机与机器人本体分开安装称为分离式。在实际运用中，由于一体式送丝机到焊枪的距离比分离式送丝机要短，连接送丝机和焊枪的送丝软管也会较分离式送丝机更短，所以采用一体式送丝机的送丝阻力会比分离式送丝机小。从提高送丝稳定性的角度考虑，一体式送丝机会比分离式送丝机更好。一体式送丝机的送丝软管较短，但是在某些时候为了方便更换焊丝盘，会把焊丝盘或焊丝桶放在弧焊机器人的安全围栏之外，此时，就会要求送丝机拥有足够的拉力从导丝管中将焊丝拉出，通过送丝软管推向焊枪，对于这种情况，我们必须选用送丝力较大的送丝机，以免出现送丝不稳定甚至送丝中断的现象。

目前，弧焊机器人工作站系统中的送丝装置采用一体式送丝机的比例越来越大，在此需要重点注意的是，对于需要在焊接过程中自动更换焊枪（变换焊丝直径或种类）的焊接系统，必须采用分离式送丝机。一体式送丝装置及其功能如表 2-5 所示。

表 2-5　一体式送丝装置及其功能

单元组成	主要功能	设备图
送丝机	受焊接电源控制，连续将焊丝盘中焊丝输送至焊枪前端	
焊丝盘	焊丝盘用于缠绕并封装焊丝，焊丝盘可以安装在弧焊机器人外部轴端，也可以安装在地面的焊丝盘架上，焊丝绕出焊丝盘后，先通过导丝管与送丝机夹紧连接，再由送丝机送至焊枪	

五、其他附属设备

其他常用附属设备主要有变位机、清枪剪丝装置、工装夹具、保护气瓶、抽排烟设备和安全单元等，弧焊机器人常见的附属设备及其功能如表 2-6 所示。

表 2-6　弧焊机器人常见的附属设备及其功能

单元组成	主要功能	设备图
变位机	变位机一般与弧焊机器人联动，可以作为弧焊机器人的一个附加轴，能配合弧焊机器人完成复杂工件的焊接，高性能的变位机重复定位精度能达到±0.1mm。变位机可以用来改变待焊工件的位置，将待焊焊缝调整至理想位置再进行焊接作业	
清枪剪丝装置	清枪装置可以清理焊接过程中产生的堵在焊枪气体保护套内的飞溅物，保持焊枪喷嘴内的清洁，确保气体长期畅通无阻的流动。剪丝装置可以将熔滴状的焊丝端部自动剪去，焊丝末端可以剪成特定的长度，保证焊丝的干伸长度	

续表

单元组成	主 要 功 能	设 备 图
工装夹具	工装夹具用来固定待焊接零件，是保证焊接质量的重要因素之一。焊接工装夹具的动力源主要有手动、气动、液压、电动等	
保护气瓶	焊接保护气体主要是为了阻断空气中的O_2、N_2及其他杂质进入融化的金属，影响焊接质量。使用混合气体可以细化熔滴、减少飞溅、提高电弧的稳定性、改善熔深及提高电弧的温度。常用的混合气体有 Ar+He、Ar+CO_2 等	
抽排烟设备	焊接产生的烟尘被风机负压吸入内部，大颗粒的烟尘被滤网过滤而沉积下来，进入净化装置的微小颗粒的烟雾和废气经分解后排出达标气体	
急停按钮	一旦出现意外，可紧急停止设备，降低安全风险	EMERGENCY STOP
防护围栏	由铝型材框架与有机玻璃或网格、亚克力板、密度板等组装而成，可以划分公共区域，最大限度地提高场地的利用率。还具有隔离作用，即隔离保护机器，同时减少人员伤亡事故的发生	
防护屏	防止弧光伤害周围人的眼睛，阻挡焊接飞溅火星	

任务三 点焊机器人系统

点焊机器人应用广泛，在汽车制造、不锈钢管道、板材、船舶制造等领域经常出现点焊机器人的身影。点焊机器人系统主要由机器人本体、机器人控制器、示教器、焊钳、点焊控制器（焊钳控制器）、焊接变压器（焊接变压器常与焊钳安装在一起，形成一体式焊钳）、冷却装置、水气路控制面板、修磨及换帽设备等组成。其中，焊钳控制器属于电源及控制装置，焊接变压器属于能量转换装置，焊钳属于焊接执行机构。焊钳控制器、焊接变压器和焊钳 3 部分又被称为点焊设备。点焊机器人系统组成如图 2-2 所示。

1—机器人本体；2—机器人控制器；3—焊钳；4—焊钳控制器；
5—修磨及换帽设备；6—水气路控制面板；7—冷却装置。

图 2-2 点焊机器人系统组成

微课：点焊机器人工作过程

一、点焊机器人本体、机器人控制器及示教器

点焊机器人本体、机器人控制器及示教器是点焊机器人系统中的主要组成部分，其功能如表 2-7 所示。

表 2-7 点焊机器人本体、机器人控制器及示教器的功能（YASKAWA）

单 元 组 成	主 要 功 能	设 备 图
机器人本体	点焊机器人本体，主要为六轴机器人，可携带焊钳完成空间运动，需要有较大的负载，且在点与点之间移动时速度要快捷，动作要平稳，定位要准确，以减少移动的时间，提高工作效率	 焊钳 机器人本体

续表

单元组成	主 要 功 能	设 备 图
机器人控制器	机器人控制器是点焊机器人的"大脑",具有控制、决策等功能;可以集成焊钳控制器,通常与焊钳控制器分开,支持与焊钳控制器之间多种方式的总线通信	
示教器	人机交互接口,主要用于点焊机器人手动操作、示教编程、错误诊断、状态确认等	

二、焊钳控制器

焊钳控制器属于电源及控制装置,主要作用是提供焊接动力,控制焊钳的焊接时间、焊接电流和压力,稳定焊接质量。焊钳控制器综合了机械的动作控制、时间控制及电流调整功能。焊钳控制器通常与机器人控制器分开,二者通过应答通信联系,机器人控制器给出焊接信号后,焊接过程由焊钳控制器自行控制,焊接结束后焊钳控制器向机器人控制器发送结束信号,以便机器人控制器控制点焊机器人移动。焊钳控制器及其功能如表 2-8 所示。

表 2-8 焊钳控制器及其功能

单元组成	主 要 功 能	设 备 图
焊钳控制器	焊钳控制器的主要功能是完成点焊时焊接参数的输入、点焊程序的控制、焊接电流的控制及焊接系统故障的自诊断,并实现与机器人控制器的通信联系	

三、焊钳

点焊机器人的焊钳是焊接执行机构,焊钳上一般集成焊接变压器和冷却通道。按焊钳的用途不同,焊钳可以分为 X 型焊钳和 C 型焊钳。按焊钳的行程不同,焊钳可以分为单行程焊钳和双行程焊钳。按加压的驱动方式不同，焊钳可以分为气动焊钳和电动焊钳。按焊钳变压器的种类不同，焊钳可以分为工频焊钳和中频焊钳。按焊钳所加压力大小不同，焊钳可以分为轻型焊钳和重型焊钳，一般来说，电极所加压力在 450kg 以上的焊钳称为重型焊钳，压力在 450kg 以下的焊钳称为轻型焊钳。按焊接变压器与焊钳的结构关系不同，焊钳可以分为分离式焊钳、内藏式焊钳和一体式焊钳：分离式焊钳钳体安装在点焊机器人手臂上，而焊接变压器悬挂在点焊机器人上方，可在轨道上沿点焊机器人的手腕移动方向移动，两者用二次电缆相连，其优点是减轻了机器人的负载，运动速度高，价格便宜；内藏式焊钳将焊接变压器安放到点焊机器人手臂内，使其尽可能地接近钳体，变压器的二次电缆可以在内部移动；一体式焊钳将焊接变压器和钳体安装在一起，然后共同固定在点焊机器人手臂末端的法兰盘上。点焊机器人用的焊钳大多是一体式焊钳，这样的焊钳，无论是 C 型还是 X 型，在结构上大致都由焊臂、变压器、气缸或伺服电机、机架、浮动机构等组成，一体式焊钳的缺点是焊钳质量显著增大，体积也增大，要求机器人本体的负载大于 60kg。此外，焊钳质量在机器人活动手腕上产生惯性力易引起过载，这就要求在设计时，尽量减小焊钳重心与机器人手臂轴心线之间的距离。目前汽车整机厂常用的点焊机器人的焊钳一般为电动伺服焊钳，X 型焊钳和 C 型焊钳及其功能如表 2-9 所示。

表 2-9　X 型焊钳和 C 型焊钳及其功能

单 元 组 成	主 要 功 能	设 备 图
X 型焊钳	X 型焊钳一般为单行程，通过伺服电机或气动形式控制焊钳的一边运动，主要用于点焊水平及接近水平位置的焊缝，电流呈弧形，这是由于 X 型焊钳的喉深较长，可以深入的焊接区域更长	
C 型焊钳	C 型焊钳一般为双行程，通过伺服电机控制焊钳的两边运动，主要用于点焊垂直及接近垂直位置的焊缝，点焊位置是垂直或接近垂直的区域，C 型焊钳的喉宽对加工部件的大小有要求	

四、修磨及换帽设备

焊钳直接与工件接触的地方称为电极帽，电极帽属于焊接消耗部件，焊接一定的次数后（一般为 1000～1200 点），电极帽由于磨损而需要修磨或更换。电极帽修磨及换帽设备的主要功能是完成焊钳电极帽的修磨和更换。焊接现场使用的设备大多是修磨换帽一体机，主要由电极帽修磨单元、电极帽拆卸单元、电极帽装料单元组成，修磨换帽一体机及其功能如表 2-10 所示。

表 2-10　修磨换帽一体机及其功能

单元组成	主要功能	设备图
修磨换帽一体机	电极帽修磨单元确保焊钳在加压状态下进行电极帽的修磨，可以防止上下电极帽的对中偏差，刀具高速旋转可以在短时间内对电极帽进行修磨，可修磨多种材料的电极帽；电极帽拆卸单元通常采用两级杠杆放大的四连杆结构，以增大拆卸力；电极帽装料单元配置导向平衡器，借助点焊机器人的动力就可以实现装帽	

五、其他附属设备

其他附属设备有焊钳冷却装置、工装夹具及安全单元等。

焊钳冷却装置通常分为空冷系统和水冷系统两种，其中水冷系统是成本最低的、使用比较广泛的焊钳冷却装置。水冷系统包括开设进风窗和排风窗的冷却水箱（储存有冷却水）和设置在输水管的路径上促使输水管内的冷却水与空气至少发生两次热交换的降温系统，先将冷却水通过输水管输送至待冷却设备，再将经过待冷却设备的冷却水通过回水管送回到自身的冷却水箱。冷却水箱的温度随着工作时间的推移会有所上升，从而降低循环使用的冷却水降温效果。

安全单元是焊接机器人工作站应用与维护的基础性安全保障。

点焊机器人系统常见的附属设备及其功能如表 2-11 所示。

表 2-11　点焊机器人系统常见的附属设备及其功能

单元组成	主要功能	设备图
冷却水箱	冷却焊接过程中因大电流产生的高温，可以让焊枪保持恒定的温度，延长焊枪的使用寿命，确保焊枪的正常运行，稳定焊接电流	

续表

单元组成	主 要 功 能	设 备 图
水冷管路	冷却水通过输水管输送至焊钳,从而降低焊钳温度。通过回水管回到自身的冷却水箱	
工装夹具	工装夹具用来固定焊接零件,是保证焊接质量的重要因素之一。焊接工装夹具的动力源主要有手动、气动、液压、电动等	
急停按钮	一旦出现意外,可紧急停止设备,降低安全风险	
防护围栏	由铝型材框架与有机玻璃或网格、亚克力板、密度板等组装而成,可以划分公共区域,最大限度地提高场地的利用率。还具有隔离作用,即隔离保护机器,同时减少人员伤亡事故的发生	

任务四　激光焊接机器人系统

　　激光焊接技术是近年来发展最快的一项激光加工技术,由于其独特的柔性和较高的生产效率,激光焊接已经成为各个生产环节中的独特工艺,其应用领域包括钣金加工、汽车、厨房设备、电子工程、医疗和模具制造行业。与传统焊接工艺相比,激光焊接具有许多优势,可用于完全不同类型的应用。激光焊接可提供精确的、清洁的焊缝,而其他焊接方法更容易出现焊接位置不一致的现象,并可能留下不准确的焊接痕迹。激光焊接工艺也更加通用,适用于各种厚度的金属,它相比传统焊接工艺有更快的速度、更小的热影响区,最大限度地减少焊接过程中零件的变形。

　　激光焊接利用激光的高能量光束,聚焦在工件表面,形成高温,将钢板内的金属晶体结构打乱,金属原子重新排列使得两块钢板中的原子熔合为合金体。所以简单地讲,激光焊接就是把两块钢板经过激光熔化、冶炼变成了一块合金,而普通的电阻焊是当电流通过金属板时,由自身电阻产生热量而熔化在一起的工艺,二者工艺过程有本质区别,激光焊接具有更好的物理、机械性能。

　　激光焊接工艺过程可分为脉冲激光焊接和连续激光焊接两种形式,在连续激光焊接中熔池的形成机理又分为热导焊和热熔焊两种具体形式：热导焊时，激光焊接主要用于薄板，在焊接过程中，当激光照射到工件表面时，一部分激光被反射，另一部分激光被工件吸收，将光能转化为热能从而熔化工件，工件表面的热以热传导的方式继续向工件深处传递，工件首先在焊缝处熔化，然后迅速凝固，密封焊缝，最后将两工件熔接在一起；热熔焊工件吸收激光后迅速熔化甚至气化，熔化的金属在蒸汽压力的作用下形成小孔，激光束可直照孔底，使小孔不断延伸，直至小孔内的蒸汽压力与液体金属的表面张力和重力平衡为止。小孔随着激光束沿焊接方向移动时，小孔前方熔化的金属绕过小孔流向后方，凝固后形成焊缝，热熔焊是工业应用中的主要焊接方法。激光焊接根据应用类型不同又可以分为激光钎焊、激光熔焊、激光飞行焊（也称激光远程焊或激光扫描焊）。激光钎焊是以激光作为热源，用熔点比母材低的材料作为填充金属（称为钎料），经加热熔化后，液态钎料润湿母材，填充接头间隙并与母材相互扩散，实现连接的焊接方法。在激光钎焊工艺中，钎料焊丝熔化在两个部件之间的焊缝中，由于热变形很小，焊缝表面经打磨后，可以有效控制整体的尺寸公差，简化后续工序的工作量，如可以提高内饰件、机械零部件的定位精度、安装精度，减少工人的作业量，从而节省成本。激光熔焊属于热熔焊，是以激光作为热源，在两工件角接处，各自熔化两工件的部分母材（同时熔化焊丝填充附近两工件角接处），使其形成液体金属，待其冷却后，形成可靠连接的焊接方法。激光熔焊具体可分为激光熔透焊、激光熔焊（不填丝）和激光熔化填丝焊等，多用于汽车前端、顶盖、地板、车门内板等处的焊接，母材连接方式均为搭接。激光飞行焊是在机器人的第六轴上安装一个高速扫描反射镜（常称"振镜"）扫描头，仅通过镜片的摆动反射，实现激光轨迹的运动，无须激光焊接机器人手臂跟随运动。激光飞行焊系统高度柔性化，效率比一般的激光焊接更高，一套系统可取代 6~9 套普通点焊机器人系统。激光头与工件距离超过 500mm，可延长镜头保护玻璃的使用寿命，其工艺原理与激光熔焊相同，母材为搭接形式。

激光焊接机器人系统主要由机器人本体、机器人控制器、示教器、激光焊接头、激光源、光导聚焦系统及冷却装置等组成，如图 2-3 所示。

微课：激光焊机器人工作过程

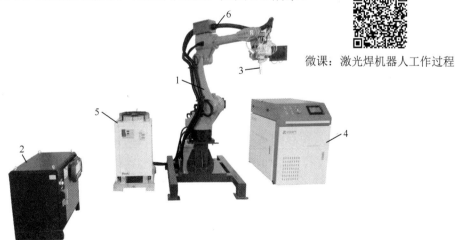

1—机器人本体；2—机器人控制器；3—激光焊接头；4—激光源；5—冷却装置；6—光导聚焦系统。

图 2-3 激光焊接机器人系统组成

一、激光焊接机器人本体、机器人控制器及示教器

激光焊接机器人本体、机器人控制器及示教器是激光焊接机器人系统的主要组成部分，其功能如表 2-12 所示。

表 2-12　激光焊接机器人本体、机器人控制器及示教器功能（ABB）

单 元 组 成	主 要 功 能	设 备 图
机器人本体	激光焊接机器人本体，主要为六轴机器人，可携带激光头完成空间运动。激光焊接机器人实际上不需要接触零件，可以在距离零件 30cm 左右的地方进行焊接，这使得焊接难以到达的区域变得更加容易	激光头　机器人本体
机器人控制器	机器人控制器是激光焊接机器人的"大脑"，具有控制、决策等功能。可与激光器和激光头进行通信，触发信号产生激光启动焊接作业	
示教器	人机交互接口，主要用于激光焊接机器人手动操作、示教编程、错误诊断、状态确认等	RobotWare Plastics

二、激光焊接头

激光焊接头是整个设备的核心，在焊接过程中起到很大的作用，焊接能量的主要来源就是这里。激光焊接头通常根据焊接类型可分为钎焊激光头、熔焊激光头和远程激光头，激光焊接头及其功能如表 2-13 所示。

表 2-13　激光焊接头及其功能

单 元 组 成	主 要 功 能	设 备 图
钎焊激光头	通过激光熔化焊丝，填充到焊缝中。激光钎焊的焊丝可以采用预置方式，也可以采用送丝方式。激光头上通常装有导丝机构	

续表

单元组成	主 要 功 能	设 备 图
熔焊激光头	通过激光熔化两部分母材和焊丝（填丝焊），填充到焊缝中。填丝焊激光头通常装有导丝机构	
远程激光头	常称"振镜"扫描头，仅通过镜片的摆动反射，实现激光轨迹的运动，无须激光焊接机器人手臂跟随运动。通过激光熔化母材，实现板与板之间的连接，焊接效率是普通工业机器人电焊的3～6倍	

三、激光源及光导聚焦系统

激光源又称激光器，是指为使激光工作物质实现并维持粒子数反转所提供能量来源的机构或装置，一般由激光工作物质、激励源和光学谐振腔组成。

根据激光工作物质的不同可把所有的激光器分为以下几大类。

（1）固体激光器（晶体和玻璃）。这类激光器所采用的激光工作物质是通过把能产生受激辐射的金属离子掺入晶体或玻璃基质中构成发光中心制成的。

（2）气体激光器。这类激光器所采用的激光工作物质是气体，并且根据气体中真正产生受激辐射的工作粒子性质的不同，进一步分为原子气体激光器、离子气体激光器、分子气体激光器、准分子气体激光器等。

（3）液体激光器。这类激光器所采用的激光工作物质主要包括两类，一类是有机荧光染料溶液，另一类是含有稀土金属离子的无机化合物溶液，其中稀土金属离子（如 Nd^{3+}）起工作粒子作用，无机化合物液体（如 $SeOCl_2$）起基质作用。

（4）半导体激光器。这类激光器是以一定的半导体材料作为激光工作物质产生受激辐射，其原理是通过一定的激励方式（电注入、光泵或高能电子束注入），在半导体物质的能带之间或能带与杂质能级之间，通过激发非平衡载流子实现粒子数反转，从而产生光的受激辐射。

（5）自由电子激光器。这是一种特殊类型的新型激光器，激光工作物质为在空间内周期变化磁场中高速运动的定向自由电子束，只要改变自由电子束的速度就可以产生可调谐的相干电磁辐射，原则上其相干电磁辐射谱可从 X 射线波段过渡到微波波段。

用于激光焊接的激光器主要有 CO_2 激光器和 YAG 激光器两种。CO_2 激光器功率大，是目前深熔焊主要采用的激光器，但从实际应用出发，在汽车领域，YAG 激光器的应用更广。随着科学技术的快速发展，半导体激光器的应用越来越广泛，由于其具有占地面积小、功率大、冷却装置体积小、光可传导、备件更换频率和费用低等优点深受用户青睐。

光导聚焦系统由圆偏振镜、扩束镜、反射镜或光纤、聚焦镜等组成，实现改变光束偏振状态、方向，传输和聚焦光束的功能。激光器、光导聚焦系统及其功能如表 2-14 所示。

表 2-14　激光器、光导聚焦系统及其功能

单 元 组 成	主 要 功 能	设 备 图
激光器	产生激光，作为焊接热源。激光器发出的光，经过光学处理后使激光光束聚焦，产生拥有巨大能量的光束，照射到待焊接材料的焊接部位，使其熔化形成永久性连接	
光导聚焦系统	实现改变光束偏振状态、方向，传输和聚焦光束的功能。其中，光学镜片的状态对焊接质量有着非常重要的影响，因此要定期对光学镜片进行维护	

四、其他附属设备

其他附属设备主要有冷却装置、工装夹具、安全单元等，激光焊接机器人常见的附属设备及其功能详见表 2-15。

表 2-15　激光焊接机器人常见的附属设备及其功能

单 元 组 成	主 要 功 能	设 备 图
冷却装置	流经激光焊接头的冷却水可以降低焊接过程中因高能激光束产生的高温。可以让激光焊接头保持一定的温度，延长激光焊接头使用寿命，确保焊接正常进行。流经激光器的冷却水，能够降低激光器的温度，保证激光器正常工作	
工装夹具	工装夹具用来固定焊接零件，是保证焊接质量的重要因素之一。焊接工装夹具的动力源主要有手动、气动、液压、电动等	

单元组成	主 要 功 能	设 备 图
急停按钮	一旦出现意外，可紧急停止设备，降低安全风险	
防护围栏	由铝型材框架与有机玻璃或网格、亚克力板、密度板等组装而成，可以划分公共区域，最大限度地提高场地的利用率。还具有隔离作用，即隔离保护机器，同时减少人员伤亡事故的发生	

1+X 测评

一、填空题

1．焊接机器人按焊接工艺可分为_____、_____、_____、_____等类型。

2．弧焊机器人系统中_____常作为机器人的附加轴，可以用来改变待焊工件位置，将待焊焊缝调整至理想位置进行焊接作业。

3．弧焊机器人系统中防护屏的功能是_____。

4．点焊机器人的焊钳控制器属于电源及控制装置，主要作用是提供焊接动力，控制_____、_____和_____，稳定焊接质量。

5．点焊机器人焊钳从用途上可分为_____和_____两种。

6．点焊机器人系统中的_____、_____和_____3部分又称为点焊设备。

7．在紧急情况下可按_____立即停止机器人的运行。

8．焊接机器人系统中常见的安全设备或装置有_____、_____和_____等。

9．激光焊接机器人系统，冷却单元主要用于_____和_____部位的冷却。

10．连接激光焊接头的_____实现改变光束偏振状态、方向，传输和聚焦光束的功能。

二、判断题

1．使用焊接机器人开展焊接作业可以稳定和提高焊接质量。（　　）

2．弧焊焊接电源是用来对焊接电弧提供电能的一种专用设备。（　　）

3．根据冷却介质的不同，弧焊机器人焊枪可分为水冷焊枪和空冷焊枪，空冷焊枪的冷却效果要好于水冷焊枪。（　　）

4．垂直及近似垂直的焊缝，宜采用 X 型焊钳。（　　）

5．按焊接变压器与焊钳的结构关系，点焊机器人焊钳可以分为分离式、内藏式和一体式 3 种。（　　）

6．急停按钮、防护围栏属于焊接机器人系统中的安全设备。（　　）

7. 弧焊机器人系统需要使用电极帽修磨装置。（　　　）

8. 点焊机器人系统在开展焊接作业的时候一般不使用保护气体。（　　　）

9. YAG 激光器比 CO_2 激光器功率大，是目前深熔焊主要采用的激光器。（　　　）

10. 激光焊接机器人系统在进行焊接作业时不需要使用工装夹具。（　　　）

【课程思政案例】

冬奥会中的机器人

2022 年北京冬奥会中的科技元素引起了全世界的关注，如上海交通大学机械与动力工程学院机器人研究所研制的智慧餐厅中的机器人，中国科学院沈阳自动化研究所等研制的机器人完成了奥运史上首次由机器人完成的水下火炬接力。

1. 智慧餐厅中的机器人

在餐饮服务方面，通过对餐厅进行智慧化改造，机器替代人成为服务的主力军，在节省人力、减少人与人之间交叉接触、保障 24 小时提供服务的同时，大大降低了防疫成本和疫情传播的概率。智慧餐厅中用到的机器人有炒菜机器人，煲仔饭机器人，馄饨、水饺机器人，汉堡、意面机器人，咖啡、调酒机器人等。

其中，炒菜机器人学习师傅们的烹饪配料、灶上动作和火候把控是由程序员先将其标准化再转为代码录入机器人的程序中实现的，之后炒菜机器人就能一丝不苟地将这些美味佳肴制作出来，且菜品的味道、火候、色泽基本上都很接近师傅们的手艺。

汉堡、意面机器人能够制作各种汉堡、肉酱意面等西餐。还有一个机器臂就可以操控数个炸锅的炸薯条、炸鸡块机器人。

客人只需坐在餐桌旁扫码点单即可，待收到取餐提示时，可以去窗口处自己取，也可以静坐在餐桌旁，等待送餐机器人通过云轨将饭菜送到自己手中。

送餐机器人会智能识别客人的位置，并优化送餐路线，以最短时间到达客人身边，接着放下缆绳，像"电梯"一样将饭菜从空中缓缓降落，最终送到客人的手中。

2. 水下火炬接力的机器人

此次由机器人完成的水下火炬接力是奥运会历史上第一次机器人间的水下火炬接力，展现了北京冬奥会"一起向未来"的主题和中国人工智能的发展愿景。水下机器人与两栖机器人的外形、样貌及神态，由来自南开大学的薛义教授带领的团队设计完成。从外观上看很像一个冰壶，它手持燃烧着的火炬，沿冰壶赛道旋转滑入冰洞口。与此同时，水下机器人也做好了准备，它的机械臂紧紧握住火炬，不断向两栖机器人靠近，并在 10 秒内准确接过火炬，完成接力。

两栖机器人在下水前会自主补氧，在水下可以直接通过氧气进行燃烧。火炬燃烧器采用了专门的设计，通过物理结构和气动特性对火焰进行保护，防止水对火炬火焰进行破坏。这种"水火相容"的局面，由于采取了"隔开"模式，相当于水并没有真正与火直接接触，所以火就可以在水下持续燃烧了。

模块三

工业机器人焊接工艺

【学习任务】

任务一　焊接及焊接方法
任务二　机器人弧焊方法与工艺
任务三　机器人点焊方法与工艺
1+X 测评

【学习目标】

1. 了解焊接原理及焊接方法分类
2. 了解焊接热能特点及焊缝的形成
3. 掌握熔化极气体保护电弧焊原理及工艺
4. 掌握点焊原理及工艺

任务一　焊接及焊接方法

一、焊接定义及分类

焊接是通过加热、加压或两者并用，用或不用填充材料，使焊件结合的一种加工方法。目前世界各国年平均生产的焊接结构用钢已占钢产量的 45%左右，因此焊接是目前应用最为广泛的一种永久性连接方法。

按照焊接过程中金属所处的状态不同，可以把焊接方法分为熔焊、钎焊和压焊 3 类。焊接方法的分类如图 3-1 所示。

1. 熔焊

熔焊是在焊接过程中，将焊件接头加热至熔化状态，不加压力就能完成焊接的方法。在加热的条件下，当被焊金属被加热至熔化状态形成液态熔池时，原子之间可以充分扩散和紧密接触，因此冷却凝固后，可形成牢固的焊接接头，如电弧焊、电渣焊、激光焊等。电弧焊是弧焊机器人采用的焊接方法，其中熔化极气体保护电弧焊应用最广。图 3-2 所示为机器人常用的电弧焊方法。

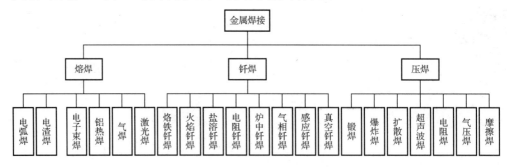

图 3-1　焊接方法的分类

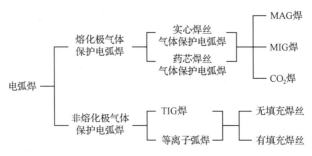

图 3-2　机器人常用的电弧焊方法

2．钎焊

钎焊是采用比母材熔点低的金属材料作为钎料，将母材和钎料加热到高于钎料熔点且低于母材熔点的温度，利用液态钎料润湿母材，填充接头间隙并与母材相互扩散实现焊件连接的方法。常见的钎焊方法有烙铁钎焊、火焰钎焊等。

3．压焊

压焊是在焊接过程中，必须对焊件施加压力（加热或不加热）才能完成焊接的方法。电阻焊是压焊中应用最广的一种焊接方法，它与熔焊不同，熔焊是利用外加热源使连接处熔化，冷却凝固形成焊缝的，而电阻焊是利用本身电阻的热量及大量塑性变形能量形成焊缝或接头的。电阻焊的分类如图 3-3 所示，点焊、缝焊、凸焊和对焊的示意图如图 3-4 所示。点焊是点焊机器人采用的电阻焊方法。

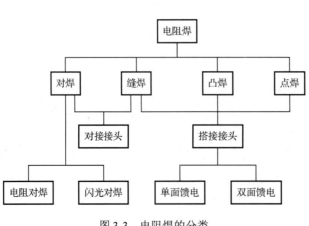

图 3-3　电阻焊的分类

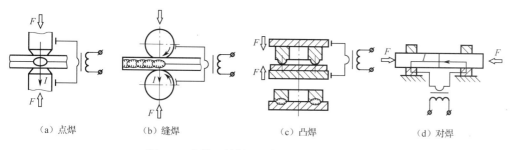

（a）点焊　　　　　（b）缝焊　　　　　（c）凸焊　　　　　（d）对焊

图 3-4　点焊、缝焊、凸焊和对焊的示意图

二、焊接热能

实现金属焊接的能量主要是热能。常用焊接方法的热能有电弧热、电阻热、化学热、摩擦热、电子束、激光束等。常用焊接方法热能的特点及对应焊接方法如表 3-1 所示。

微课：焊接热源种类

表 3-1　常用焊接方法热能的特点及对应的焊接方法

热　能	特　　点	对应的焊接方法
电弧热	利用气体介质在两电极间或电极与母材间强烈而持久的放电过程所产生的电弧热作为焊接热能。电弧热是目前焊接中应用最广的热能	电弧焊
电阻热	利用电流通过导体及其界面时所产生的电阻热作为焊接热能	电阻焊（点焊等）、电渣焊（熔渣电阻热）
化学热	利用可燃气体燃烧放出的热量或铝、镁热剂与氧或氧化物发生强烈反应所产生的热量作为焊接热能	气焊、钎焊、铝热焊
摩擦热	利用机械高速摩擦所产生的热量作为焊接热能	摩擦焊
电子束	利用高速电子束轰击工件表面所产生的热量作为焊接热能	电子束焊
激光束	利用聚焦的高能激光束作为焊接热能	激光焊

三、焊缝的形成

焊缝是熔焊时在焊接热源的作用下，由熔化的填充材料（焊丝或焊条）及母材熔合而成的。其形成过程可归纳为互相联系和交错进行的 3 个过程：一是焊丝（焊条）及母材的加热熔化；二是熔化金属（母材、填充材料）、熔渣（药皮或焊剂熔化产生）、气相（药皮或焊剂熔化产生的气体、保护气体、焊接区空气等）之间进行的化学冶金反应；三是快速冷却下的焊缝金属的结晶。熔化极气体保护电弧焊焊缝的形成如图 3-5 所示。

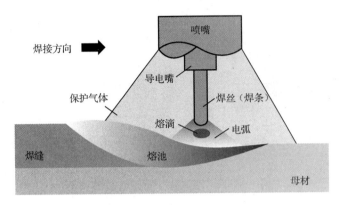

图 3-5　熔化极气体保护电弧焊焊缝的形成

1．焊丝（焊条）及母材的加热熔化

1）焊丝（焊条）金属向母材过渡

焊丝（焊条）端部熔化形成的向熔池过渡的金属液滴称为熔滴。熔滴通过电弧空间向熔池转移的过程称为熔滴过渡。根据熔滴向熔池过渡形式的不同，大致可分为滴状过渡、短路过渡和喷射过渡。

（1）滴状过渡。滴状过渡如图 3-6（a）所示，有粗滴过渡和细滴过渡两种形式。

熔滴呈粗大颗粒状向熔池自由过渡的形式称为粗滴过渡，也称颗粒过渡。当电流较小时，熔滴依靠表面张力的作用可以保持在焊丝（焊条）端部自由长大，直至熔滴下落的力（如重力、电磁力等）大于表面张力才脱离焊丝（焊条）端部落入熔池，此时熔滴较大、电弧不稳，呈粗滴过渡，通常不采用。随着电流的增大，熔滴变小、频率提高、电弧较稳定、飞溅减少，呈细滴过渡。滴状过渡是焊条电弧焊、埋弧焊及粗焊丝大电流 CO_2 气体保护电弧焊所采用的熔滴过渡形式。

（2）短路过渡。焊丝（焊条）端部的熔滴与熔池短路接触，由于强烈过热和磁缩效应使其爆断，从而直接向熔池过渡的形式称为短路过渡，短路过渡如图 3-6（b）所示。

短路过渡能在小电流、低电弧电压下，实现稳定的熔滴过渡和稳定的焊接过程。短路过渡适用于薄板或低热量输入的焊接，是 CO_2 气体保护电弧焊采用的最典型的过渡形式。

视频：滴状过渡

（3）喷射过渡。熔滴呈细小颗粒并以喷射状态快速通过电弧空间向熔池过渡的形式称为喷射过渡。焊接时，熔滴的尺寸随焊接电流的增大而减小，当焊接电流增大到一定数值后，会产生喷射过渡。需要强调的是，产生喷射过渡除了要有一定的电流密度，还必须有一定的电弧长度（电弧电压）。如果弧长太短（电弧电压太低），无论电流多大，都不可能产生喷射过渡。

喷射过渡的特点是熔滴细，过渡频率高，熔滴沿焊丝（焊条）的轴向高速向熔池运动，并具有电弧稳定、飞溅少、熔深大、焊缝成形美观、生产效率高等优点。喷射过渡是熔化极氩弧焊、富氩混合气体保护电弧焊所采用的熔滴过渡形式，如图 3-6（c）所示。

视频：短路过渡

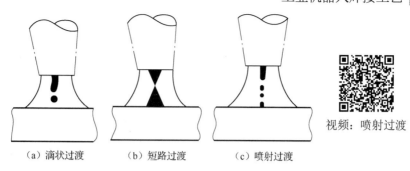

（a）滴状过渡　　　　（b）短路过渡　　　　（c）喷射过渡

视频：喷射过渡

图 3-6　熔滴过渡形式

2）熔池的形成

熔焊时，在焊接热源的作用下，在焊丝（焊条）熔化的同时，被焊金属（母材）也发生局部的加热熔化。母材上由熔化的焊丝（焊条）与母材组成的具有一定几何形状的液体金属称为熔池。焊接时若不加填充材料，则熔池仅由熔化的母材组成。焊接时，熔池随热源的向前移动而做同步运动。熔池的形状如图 3-7 所示，很像一个不太标准的半椭球。

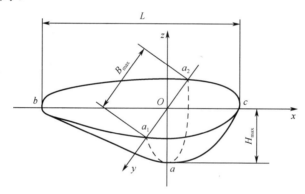

图 3-7　熔池的形状

熔池的大小、存在时间对焊缝性能有很大的影响。熔池的主要尺寸有熔池的长度 L、最大宽度 B_{max} 和最大深度 H_{max}。一般情况下，随着电流的增大，熔池的最大宽度 B_{max} 减小，最大深度 H_{max} 增大；随着电弧电压的增加，熔池的最大宽度 B_{max} 增大，最大深度 H_{max} 减小。熔池的长度 L 的大小与电弧能量成正比。

2. 焊缝金属的结晶

熔池由液态转变为固态的过程称为焊缝金属的结晶。熔池有以下特点。

1）熔池的体积小、冷却速度快

一般电弧焊条件下，熔池的体积最大也只有几十立方厘米，质量不超过 100g。熔池被冷金属包围，冷却速度快，一般为 4～100℃/s。

2）熔池的温度分布极不均匀

熔池中部处于热源中心会呈过热状态，一般情况下，钢熔池中心温度为 2300℃左右，而熔池边缘紧邻未熔化的母材处，是过冷的液态金属，因此，从熔池中心到溶池边缘存在很大的温度梯度，温度分布极不均匀。

3）熔池在运动状态下结晶

熔池的熔化和结晶是同时进行的，并以相同的速度随热源进行移动，熔池的前半部分进行加热与熔化，后半部分进行冷却与结晶。

任务二 机器人弧焊方法与工艺

一、熔化极气体保护电弧焊

1. 熔化极气体保护电弧焊的原理

熔化极气体保护电弧焊是采用连续送进可熔化的焊丝与焊件之间的电弧作为热源来熔化焊丝和焊件，形成熔池和焊缝的焊接方法，熔化极气体保护电弧焊的原理如图 3-8 所示。为了得到良好的焊缝并保证焊接过程的稳定性，应利用外加气体作为电弧介质，并保护熔滴、熔池和焊接区金属免受周围空气的影响。

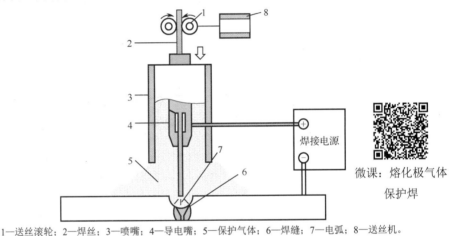

1—送丝滚轮；2—焊丝；3—喷嘴；4—导电嘴；5—保护气体；6—焊缝；7—电弧；8—送丝机。

微课：熔化极气体保护焊

图 3-8　熔化极气体保护电弧焊的原理

2. 熔化极气体保护电弧焊的特点

熔化极气体保护电弧焊与其他电弧焊相比具有以下特点。

（1）采用明弧焊，一般不用焊剂，没有熔渣，熔池可见度好，便于操作。此外，保护气体是喷射出来的，可全位置焊，不受空间位置的限制，有利于实现焊接过程的机械化和自动化。

（2）由于电弧在保护气体的压缩下热量集中，熔池和热影响区很小，因此焊接变形小、焊接裂纹倾向不大，尤其适用于薄板焊接。

（3）采用 Ar、He 等惰性气体作为保护气体，焊接化学性质较活泼的金属或合金时，可获得高质量的焊接接头。

（4）气体保护焊不宜在有风的地方施焊，在室外作业时须有专门的防风措施，此外，弧光的辐射较强，焊接设备较复杂。

3．熔化极气体保护电弧焊的分类

（1）熔化极气体保护电弧焊按所用焊丝类型的不同分为实芯焊丝气体保护电弧焊和药芯焊丝气体保护电弧焊。

（2）熔化极气体保护电弧焊按保护气体的性质和成分可分为熔化极惰性气体保护电弧焊（MIG 焊）、熔化极活性气体保护电弧焊（MAG 焊）、CO_2 气体保护电弧焊（CO_2 焊）3 种，如图 3-9 所示。熔化极气体保护电弧焊的特点及应用如表 3-2 所示。

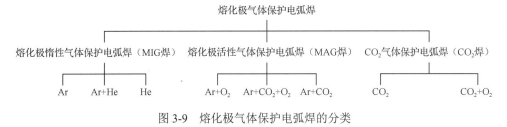

图 3-9　熔化极气体保护电弧焊的分类

表 3-2　熔化极气体保护电弧焊的特点及应用

焊接方法	保护气体	特　　点	应　　用
MIG 焊	Ar 、Ar+He、He	优点是几乎可以焊接所有的金属材料，生产效率比钨极氩弧焊高，飞溅少，焊缝质量好，可全位置焊。缺点是成本较高，对油、锈很敏感，易产生气孔，抗风能力弱等。熔滴过渡形式有喷射过渡、短路过渡	几乎可以焊接所有的金属材料，主要用于焊接有色金属、不锈钢、合金钢，或者用于碳钢、低合金钢管道及接头打底焊道的焊接。可用于薄板、中板和厚板的焊接
MAG 焊	Ar+ O_2、Ar+O_2+CO_2、Ar+ CO_2	克服了 CO_2 焊和 MIG 焊的主要缺点，飞溅减少，熔敷系数提高、合金元素烧损较 CO_2 焊少、焊缝成形好、力学性能好，成本较 MIG 焊低但比 CO_2 焊高。熔滴过渡形式主要有喷射过渡、短路过渡	可以焊接碳钢、低合金钢、不锈钢等，能焊薄板、中板和厚板焊件。应用最广的是用 80%Ar+20%CO_2 的混合气体来焊接低碳钢、低合金钢
CO_2 焊	CO_2、CO_2+O_2	优点是生产效率高，对油、锈不敏感，冷裂倾向小，焊接变形和焊接应力小，操作简便、成本低，可全位置焊。缺点是飞溅较多，弧光较强，很难用交流电源焊接及难以在有风的地方施焊等。熔滴过渡形式主要有短路过渡、滴状过渡	广泛应用于低碳钢、低合金钢的焊接，与药芯焊丝配合可以焊接耐热钢、不锈钢等，还可进行堆焊。特别适用于薄板焊接

4．熔化极气体保护电弧焊的常用气体及其应用

熔化极气体保护电弧焊常用的气体有：Ar、He、N_2、H_2、CO_2 及混合气体。熔化极气体保护电弧焊常用气体的应用如表 3-3 所示。

表 3-3　熔化极气体保护电弧焊常用气体的应用

被 焊 材 料	保 护 气 体	混合比/%	化 学 性 质
铝及铝合金	Ar		惰性
	Ar+He	He10	

续表

被焊材料	保护气体	混合比/%	化学性质
铜及铜合金	Ar		惰性
	Ar+N$_2$	N$_2$20	
	N$_2$		还原性
不锈钢	Ar+O$_2$	O$_2$1～2	氧化性
	Ar+O$_2$+CO$_2$	O$_2$2；CO$_2$5	
碳钢及低合金钢	CO$_2$		氧化性
	Ar+CO$_2$	CO$_2$20～30	
	CO$_2$+O$_2$	O$_2$10～15	
钛锆及其合金	Ar		惰性
	Ar+He	He25	
镍基合金	Ar+He	He15	惰性

1）Ar 和 He

Ar、He 是惰性气体，对化学性质活泼从而易与 O$_2$ 反应的金属而言是非常理想的保护气体，故常用于铝、镁、钛等金属及其合金的焊接。由于保护气体的消耗量很大，且 He 的价格昂贵，所以很少用单一的 He，常和 Ar 等气体混合起来使用。

2）N$_2$ 和 H$_2$

N$_2$、H$_2$ 是还原性气体。N$_2$ 可以同大多数金属反应，是焊接中的有害气体，但不溶于铜及铜合金，故可作为铜及铜合金焊接的保护气体。H$_2$ 已很少单独应用。N$_2$、H$_2$ 常和其他气体混合起来使用。

3）CO$_2$

CO$_2$ 是氧化性气体。由于 CO$_2$ 来源丰富，且成本低，因此值得推广应用，目前主要用于碳钢及低合金钢的焊接。

4）混合气体

混合气体是在一种保护气体中加入适当份量的另一种（或两种）气体混合而成的。应用最广的是在惰性气体 Ar 中加入少量的氧化性气体（CO$_2$、O$_2$ 或两者混合的气体），用这种气体作为保护气体的焊接方法称为熔化极活性气体保护电弧焊，简称 MAG 焊。由于混合气体中 Ar 所占比例大，故常称为富氩混合气体保护电弧焊，常用其来焊接碳钢、低合金钢及不锈钢。

二、CO$_2$ 焊

1. CO$_2$ 焊的原理及优缺点

1）CO$_2$ 焊的原理

CO$_2$ 气体保护电弧焊是利用 CO$_2$ 作为保护气体的一种熔化极气体保护电弧焊方法，简称 CO$_2$ 焊。CO$_2$ 焊的工作原理如图 3-10 所示，电源的两个输出端分别接在焊枪和焊件上。盘状焊丝由送丝机构带动，经软管和导电嘴不断地向电弧区域送给；同时，CO$_2$ 以一定的压力和流量送入焊枪，通过喷嘴后，形成一股保护气流，使熔池和电弧不受空气的入侵。随着焊枪的移动，熔池冷却凝固形成焊缝，从而将被焊的焊件连成一体。

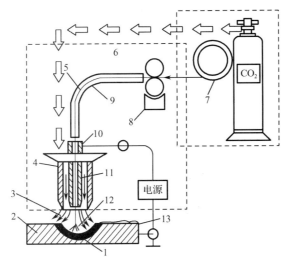

1—熔池；2—焊件；3—CO₂；4—喷嘴；5—焊丝；6—焊接设备；7—焊丝盘；

8—送丝机构；9—软管；10—焊枪；11—导电嘴；12—电弧；13—焊缝。

图 3-10　CO₂ 焊的工作原理

2）CO₂ 焊的优缺点

CO₂ 焊的优点如下。

（1）焊接成本低。CO_2 来源广、价格低，且焊接消耗的电能少，因此 CO_2 焊的成本低，仅为埋弧焊及焊条电弧焊的 30%～50%。

（2）生产率高。由于 CO_2 焊的焊接电流密度大，使焊缝厚度增大，焊丝的熔化率提高，熔敷速度加快；另外，焊丝又是连续送进的，且焊后没有焊渣，特别是多层焊接时，节省了清渣时间。所以生产率比焊条电弧焊高 1～4 倍。

（3）焊接质量高。CO_2 焊对铁锈的敏感性不高，因此焊缝中不易产生气孔。而且焊缝含氢量低，抗裂性能好。

（4）焊接变形和焊接应力小。由于电弧热量集中，焊件加热面积小，同时 CO_2 气流具有较强的冷却作用，因此，焊接应力和变形小，特别适用于薄板焊接。

（5）操作性能好。由于是明弧焊，可以看清电弧和熔池情况，便于掌握与调整，也有利于实现焊接过程的机械化和自动化。

（6）适用范围广。CO_2 焊可进行各种位置的焊接，不仅适用于薄板焊接，还常用于中厚板的焊接。此外，CO_2 焊也可用于磨损零件的修补堆焊。

CO₂ 焊的缺点如下。

（1）飞溅较多，焊缝表面成形较差。

（2）不能焊接容易氧化的有色金属。

（3）很难用交流电源焊接，难以在有风的地方施焊。

（4）弧光较强，特别是大电流焊接时，弧光热辐射较强。

2．CO₂ 焊的冶金特性

在常温下，CO_2 的化学性质呈中性，但在电弧高温下，CO_2 被分解从而有很强的氧化性，能使合金元素氧化烧损，降低焊缝的力学性能，还可能产生气孔和飞溅。因此，CO_2焊的冶金特性较为特殊。

1）合金元素的氧化与脱氧

（1）合金元素氧化。CO_2在电弧高温的作用下，易分解为CO和原子状态的氧，使电弧周围气体具有很强的氧化性。其中CO在焊接条件下不溶于金属，也不与金属发生反应，而原子状态的氧使铁及其他合金元素迅速氧化，从而使铁、锰、硅等对焊缝有用的合金元素大量氧化烧损，致使焊缝的力学性能降低。同时溶入金属的FeO与碳元素作用产生的CO，一方面使熔滴和熔池发生爆破，产生大量的飞溅；另一方面结晶时CO来不及逸出，导致焊缝产生气孔。

（2）脱氧。CO_2焊通常采用的脱氧方法是使用具有足够脱氧元素的焊丝。常用的脱氧元素是锰、硅、铝、钛等。对于低碳钢及低合金钢的焊接，主要采用锰、硅联合脱氧的方法，因为锰和硅脱氧后生成的MnO和SiO_2能形成复合物浮出熔池，形成一层微薄的渣壳覆盖在焊缝表面。

2）CO_2焊的气孔

焊缝中产生气孔的根本原因是熔池中的气体在冷却结晶过程中来不及逸出。CO_2焊时，熔池表面没有熔渣覆盖，CO_2气流又有冷却作用，因此，结晶较快，容易在焊缝中产生气孔。CO_2焊时可能产生的气孔有以下3种。

（1）CO气孔。当焊丝中脱氧元素不足，使大量的FeO不能还原而溶于金属，在熔池结晶时发生以下反应：

$$FeO+C=Fe+CO \uparrow$$

这样生成的CO如果来不及逸出，就会在焊缝中形成气孔。因此，应保证焊丝中含有足够的脱氧元素锰和硅，并严格限制焊丝中的含碳量，这样就可以减小产生CO气孔的可能性。CO_2焊时，只要焊丝选择得当，产生CO气孔的可能性就不大。

（2）H_2气孔。氢元素的来源主要是焊丝、焊件表面的铁锈、水分、油污及CO_2中含有的水分。如果熔池溶入大量的氢，就可能形成H_2气孔。

由于CO_2焊的保护气体氧化性很强，可减弱氢的不利影响，所以CO_2焊时形成H_2气孔的可能性较小。

（3）N_2气孔。当CO_2气流的保护效果不好时，如CO_2气流量太小、焊接速度过快、喷嘴被飞溅堵塞等，以及CO_2的纯度不高，含有一定量的空气时，空气中的氮就会大量溶入熔池形成N_2气孔。

CO_2焊中最常产生的是N_2气孔，而氮主要来自空气。所以必须加强CO_2气流的保护效果，这是防止CO_2焊的焊缝中产生气孔的重要途径。

3）CO_2焊的熔滴过渡

CO_2焊主要有两种熔滴过渡形式：短路过渡和滴状过渡。喷射过渡在CO_2焊中很难出现。

（1）短路过渡。CO_2焊在采用细焊丝、小电流和低电弧电压时，会出现短路过渡。短路过渡时，电弧长度较短，焊丝端部熔化的熔滴尚未成为大滴时便与熔池表面接触而短路。此时电弧熄灭，熔滴在电磁收缩力和熔池表面张力的共同作用下，迅速脱离焊丝端部过渡到熔池。随后电弧又重新引燃，重复上述过程。CO_2焊短路过渡过程及焊接电流、电弧电压波形图如图3-11所示。

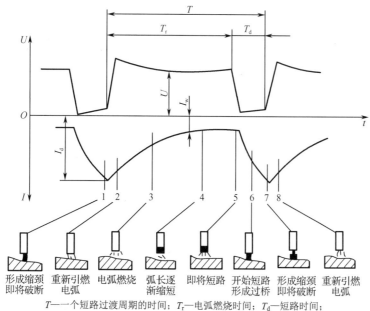

T——一个短路过渡周期的时间；T_r——电弧燃烧时间；T_d——短路时间；

U——电弧电压；I_d——短路最大电流；I_w——稳定的焊接电流。

图 3-11　CO_2 焊短路过渡过程及焊接电流、电弧电压波形图

CO_2 焊的短路过渡，由于过渡频率高，电弧稳定，飞溅少，焊缝成形良好，同时焊接电流较小，焊接热输入低，故适用于薄板及全位置焊的焊接。

（2）滴状过渡。CO_2 焊在采用粗焊丝、较大电流和较高电弧电压时，会出现滴状过渡。

滴状过渡有两种形式：一是粗滴过渡，这时的电流、电弧电压比短路过渡稍高，电流一般在 400A 以下，此时，熔滴较大且不规则，过渡频率较低，易形成偏离焊丝轴线方向的非轴向过渡，如图 3-12 所示，这种大颗粒非轴向过渡，电弧不稳定，飞溅很大，成形差，在实际生产中不宜采用；二是细滴过渡，这时焊接电流、电弧电压进一步增大，焊接电流在 400A 以上。此时，由于电磁收缩力的加强，熔滴细化，过渡频率也随之增加。虽然仍为非轴向过渡，但飞溅相对较少，电弧较稳定，焊缝成形较好，故在生产中应用较广泛。因此，粗丝 CO_2 焊滴状过渡，由于焊接电流较大，电弧穿透力强，母材的焊缝厚度较大，多用于中厚板的焊接。

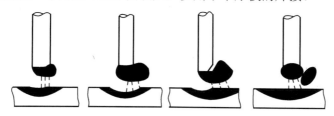

图 3-12　非轴线方向粗滴过渡示意图

4）CO_2 焊的飞溅

CO_2 焊的飞溅会造成以下有害影响。

（1）CO_2 焊时，飞溅增多，会降低焊丝的熔敷系数，从而增加焊丝及电能的消耗，降低生产率，增加生产成本。

（2）飞溅金属粘到导电嘴端面和喷嘴内壁上，会导致送丝不畅从而影响电弧稳定性，或者减弱保护气的保护作用，容易使焊缝产生气孔，影响焊缝质量。并且，飞溅金属粘到导电嘴、喷嘴、焊缝及焊件表面，需待焊后进行清理，这也增加了焊接的辅助工时。

（3）焊接过程中溅出的金属，还容易烧坏工人的工作服，甚至烫伤皮肤，恶化劳动条件。

CO_2焊产生飞溅的原因及防止飞溅的措施如下。

（1）由冶金反应引起的飞溅。这种飞溅主要是由CO造成的。焊接过程中，熔滴和熔池中的碳氧化成CO，CO在电弧高温的作用下，体积急速膨胀，压力迅速增大，使熔滴和熔池产生爆破，从而产生大量飞溅。减少这种飞溅的方法是采用含有锰、硅等脱氧元素的焊丝，并降低焊丝中的含碳量。

（2）由极点压力产生的飞溅。这种飞溅主要取决于焊接时的极性。当采用正极性焊接时（焊件接正极，焊丝接负极），正离子飞向焊丝端部的熔滴，机械冲击力大，形成大颗粒飞溅。而采用反极性焊接时，飞向焊丝端部的电子撞击力小，致使极点压力大为减小，因而飞溅较少。所以CO_2焊应选用直流反接。

（3）熔滴短路引起的飞溅。这种飞溅发生在短路过渡中，当焊接电源的动特性不好时，显得更加严重。当熔滴与熔池接触时，若短路电流增长速度过快，或者短路最大电流过大时，会使缩颈处的液态金属发生爆破，产生较多的细颗粒飞溅；若短路电流增长速度过慢，则短路电流不能及时增大到要求的电流，此时，缩颈处就不能迅速断裂，使伸出导电嘴的焊丝在电阻热的长时间加热下，成段的软化和断落，并伴随着较多的大颗粒飞溅。减少这种飞溅主要通过调节焊接回路中的电感来调节短路电流的增长速度来实现。

（4）非轴向颗粒过渡造成的飞溅。这种飞溅是在颗粒过渡时由于电弧斥力的作用产生的。熔滴在极点压力和弧柱中气流压力的共同作用下，熔滴被推到焊丝端部的一边，并抛到熔池外面，产生大颗粒飞溅。

（5）焊接参数不当引起的飞溅。这种飞溅是因焊接电流、电弧电压和回路电感等焊接参数选择不当而引起的。例如，随着电弧电压的增加，电弧拉长，熔滴易长大，且在焊丝末端产生无规则摆动，致使飞溅增大。因此，焊接时必须正确选择CO_2焊的焊接参数。

师傅点拨

焊接前使用飞溅防黏剂涂抹在接缝两侧 100～150mm 范围内，或者使用喷嘴防堵剂涂在喷嘴内壁和导电嘴端面，都可消除飞溅带来的不利影响。

3. CO_2焊的焊接材料

CO_2焊所用的焊接材料是CO_2和焊丝。

1）CO_2

焊接用的CO_2一般将其压缩成液体贮存于钢瓶内。CO_2气瓶的容量为40L，可装25kg的液态CO_2，占容积的80%，满瓶压力为5～7MPa，气瓶外表涂成铝白色，并标有黑色的"液化二氧化碳"字样。

液态 CO_2 在常温下容易汽化。溶于液态 CO_2 中的水分，易蒸发成水汽混入 CO_2，影响 CO_2 的纯度。气瓶内汽化的 CO_2 中的含水量，与瓶内的压力有关，随着使用时间的增加，瓶内压力降低，水汽增多。当压力降低到 1MPa 时，CO_2 中含水量大幅增加，不能继续使用。

焊接用 CO_2 的纯度应大于 99.5%，含水量不超过 0.05%，否则会降低焊缝的力学性能，焊缝中也易产生气孔。如果 CO_2 的纯度达不到标准，可进行提纯处理。

 师傅点拨

生产中可以采用以下措施提高 CO_2 的纯度。

（1）倒置排水：先将 CO_2 气瓶倒置 1～2h，使水分下沉，再打开阀门放水 2～3 次，每次放水间隔 30min。

（2）正置放气：更换新气前，先将 CO_2 气瓶正立放置 2h，再打开阀门放气 2～3min，以排出混入瓶内的空气和水分。

（3）使用干燥器：在 CO_2 气路中串接几个过滤式干燥器，以干燥含水量较多的 CO_2。

2）焊丝

在 CO_2 焊中，焊丝应满足以下要求。

① 焊丝含有足量的锰、硅等脱氧元素。

② 限制焊丝的含碳量在 0.15% 以下，并控制硫、磷的含量。

③ 焊丝表面镀铜，以防生锈及改善焊丝的导电性和送丝的稳定性。

GB/T8110—2020《熔化极气体保护电弧焊用非合金钢及细晶粒钢实心焊丝》中规定焊丝型号按熔敷金属的力学性能、焊后状态、保护气体类型和焊丝化学成分等进行划分。

焊丝型号由 5 部分组成。

第一部分：用字母"G"表示熔化极气体保护电弧焊用实心焊丝。

第二部分：表示在焊态、焊后热处理条件下，熔敷金属的抗拉强度代号如表 3-4 所示。

第三部分：表示冲击吸收能量（KV_2）不小于 27J 时的试验温度代号。

第四部分：表示保护气体类型代号，保护气体类型代号按 GB/T39255—2020《焊接与切割用保护气体》中的规定执行。

第五部分：表示焊丝化学成分分类，常用的焊丝化学成分如表 3-5 所示。

除了以上强制代号，还可在型号中附加可选代号：字母"U"附加在第三部分之后，表示在规定的试验温度下冲击吸收能力（KV_2）应不小于 47J；无镀铜代号"N"附加在第五部分之后，表示无镀铜焊丝。

例如：

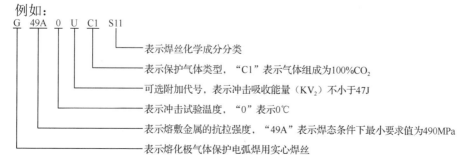

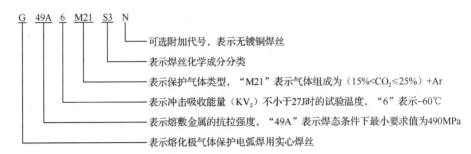

G 49A 6 M21 S3 N
可选附加代号，表示无镀铜焊丝
表示焊丝化学成分分类
表示保护气体类型，"M21"表示气体组成为（15%<CO_2≤25%）+Ar
表示冲击吸收能量（KV_2）不小于27J时的试验温度，"6"表示-60℃
表示熔敷金属的抗拉强度，"49A"表示焊态条件下最小要求值为490MPa
表示熔化极气体保护电弧焊用实心焊丝

表3-4 熔敷金属的抗拉强度代号

抗拉强度代号[①]	抗拉强度 R_m/MPa	屈服强度[②]R_{eL}/MPa	断后伸长率 A/%
43×	430～600	≥330	≥20
49×	490～670	≥390	≥18
55×	550～740	≥460	≥17
57×	570～770	≥490	≥17

注：① ×代表"A"、"P"或者"AP"，"A"表示在焊态条件下试验；"P"表示在焊后热处理条件下试验。"AP"表示在焊态和焊后热处理条件下试验均可。

② 当屈服发生不明显时，应测定规定塑性延伸强度 $R_{p0.2}$。

表3-5 常用的焊丝化学成分

序号	化学成分分类	焊丝成分代号	化学成分（质量分数）/%											
			C	Mn	Si	P	S	Ni	Cr	Mo	V	Cu	Al	Ti+Zr
1	S2	ER50-2	0.07	0.90～1.40	0.40～0.70	0.025	0.025	0.15	0.15	0.15	0.03	0.50	0.50～0.15	Ti：0.05～0.15 Zr：0.02～0.12
2	S3	ER50-3	0.06～0.15	0.90～1.40	0.45～0.75	0.025	0.025	0.15	0.15	0.15	0.03	0.50		
3	S4	ER50-4	0.06～0.15	1.00～1.50	0.65～0.85	0.025	0.025	0.15	0.15	0.15	0.03	0.50		
4	S6	ER50-6	0.06～0.15	1.40～1.85	0.80～1.15	0.025	0.025	0.15	0.15	0.15	0.03	0.50		
5	S7	ER50-7	0.07～0.15	1.50～2.00	0.50～0.80	0.025	0.025	0.15	0.15	0.15	0.03	0.50		
6	S10	ER49-1	0.11	1.80～2.10	0.65～0.95	0.025	0.025	0.30	0.20			0.50		
7	S11		0.02～0.15	1.40～1.90	0.55～1.10	0.030	0.030					0.50		0.02～0.30
8	S4M31	ER55-D2	0.07～0.12	1.60～2.10	0.50～0.80	0.025	0.025	0.15		0.40～0.60		0.50		
9	S4M31T	ER55-D2-Ti	0.12	1.20～1.90	0.40～0.80	0.025	0.025			0.20～0.50		0.50		Ti：0.05～0.20

在中国，CO_2 焊已广泛应用于碳钢、低合金钢的焊接，最常用的焊丝是 G49AYUC1S10（ER49-1）和 G49A3C1S6（ER50-6）。G49A3C1S6（ER50-6）应用更广。

CO_2焊所用的焊丝直径为0.5～5mm，焊丝直径≤1.2mm称为细丝，焊丝直径≥1.6mm称为粗丝。由于细丝CO_2焊工艺比较成熟，因此应用更广。

4. CO_2焊焊接系统的组成

CO_2焊焊接系统主要由焊接电源、送丝装置及焊枪、供气系统、控制装置等部分组成。

1）焊接电源

CO_2焊采用交流电源焊接时，电弧不稳定，飞溅较多，所以，必须使用直流电源。焊丝为细丝时采用等速送丝系统，配用平特性的焊接电源；焊丝为粗丝时，采用变速送丝系统，配用下降特性的焊接电源。

传统的焊接机器人系统，焊接机器人和焊接电源是不同的两种产品，通过机器人控制器的CPU与焊接电源的CPU通信、合作完成焊接过程。该通信采用模拟或数字接口连接，数据交换量有限。现在有些焊接机器人将弧焊电源与焊接机器人融为一体，即机器人控制模块和焊接电源控制模块共用一个CPU，使焊接机器人和焊接电源在物理上和逻辑上融为一个整体，大幅提升综合性能（如提升引弧技术等）。

2）送丝装置及焊枪

送丝装置由送丝机（包括电动机、减速器、校直轮和送丝轮）、送丝软管、焊丝盘等组成。送丝方式多采用推丝式，即焊丝盘、送丝机与焊枪分离，焊丝通过一段软管送入焊枪。这种方式结构简单，但焊丝通过软管时会受到阻力，故所用焊丝直径宜在0.8mm以上。

焊枪的作用是导电、导丝、导气。焊枪焊接时，由于焊接电流通过导电嘴将产生电阻热和电弧的辐射热，会使焊枪发热，所以焊枪常需冷却，冷却方式有空冷和水冷两种。焊接电流若为300A以上，则采用水冷焊枪。

如果焊枪及气管、电缆、焊丝通过支架安装在机器人的手腕上，气管、电缆、焊丝从机器人的手腕、手臂外部引入，这种焊枪称为外置焊枪；如果焊枪直接安装在手腕上，气管、电缆、焊丝从机器人的手腕、手臂内部引入，这种焊枪称为内置焊枪。

3）供气系统

CO_2焊的供气系统是由气源（气瓶）、一体化的减压流量计、气管和电磁气阀（一般安装在送丝机上）组成的，CO_2焊的供气系统组成及减压流量计如图3-13所示。

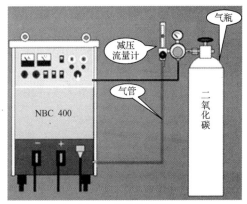

（a）CO_2焊的供气系统　　　　　　　　（b）减压流量计

图3-13　CO_2焊的供气系统组成及减压流量计

瓶装的液态 CO_2 汽化时要吸热，吸热反应可使瓶阀及减压器冻结，因此，CO_2 气流在流经减压器之前，需经预热器（75～100W）加热，并在输送到焊枪之前，经过干燥器吸收 CO_2 中的水分，使保护气体符合焊接要求。减压器将瓶内高压 CO_2 调节为低压（工作压力）CO_2，流量计控制和测量 CO_2 的流量，以形成良好的保护气流。电磁气阀控制 CO_2 的接通与关闭。现在生产的减压流量计是将预热器、减压器和流量计合为一体，使用起来更方便。

4）控制装置

CO_2 焊控制装置的作用是对供气系统、送丝系统和供电系统实施控制。CO_2 焊的控制程序如图 3-14 所示。

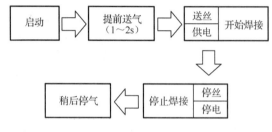

图 3-14　CO_2 焊的控制程序

5. CO_2 焊焊接参数

CO_2 焊的主要焊接参数有焊丝直径、焊接电流、电弧电压、焊接速度、焊丝伸出长度、CO_2 流量、装配间隙与坡口尺寸、喷嘴至焊件的距离及焊枪的运动方向等。

1）焊丝直径

焊丝直径应根据焊件厚度、焊接空间位置及生产率的要求来选择。在对薄板或中厚板进行立焊、横焊、仰焊时，多采用直径在 1.6mm 以下的焊丝；在平焊位置焊接中厚板时，可以采用直径在 1.2mm 以上的焊丝。焊丝直径的选择如表 3-6 所示。

表 3-6　焊丝直径的选择　　　　　　　　　　　　　　　　　　　单位：mm

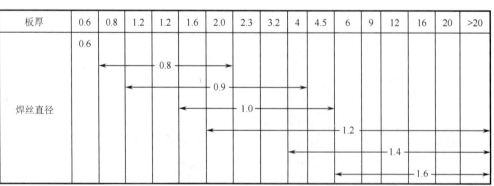

板厚	0.6	0.8	1.2	1.2	1.6	2.0	2.3	3.2	4	4.5	6	9	12	16	20	>20
焊丝直径	0.6															
		←—— 0.8 ——→														
		←———— 0.9 ————→														
		←————— 1.0 —————→														
								←——— 1.2 ———→							
								←—— 1.4 ——→							
									←— 1.6 —→						

2）焊接电流

焊接电流的大小应根据焊件厚度、焊丝直径、焊接位置及熔滴过渡形式来确定。焊接电流越大，熔深、焊缝厚度及余高都应相应增加。通常直径为 0.8～1.6mm 的焊丝，在短路过渡时，焊接电流在 50～230A 内选择；在细滴过渡时，焊接电流在 250～500A 内选择。焊丝直径与焊接电流的关系如表 3-7 所示。

表 3-7　焊丝直径与焊接电流的关系

焊丝直径/mm	焊接电流/A	
	细滴过渡	短路过渡
0.8	150~250	60~160
1.2	200~300	100~175
1.6	350~500	100~180
2.4	500~750	150~200

3）电弧电压

电弧电压越大，熔深变浅、焊缝变宽、余高降低。电弧电压必须与焊接电流配合适当，否则会影响到焊缝成形及焊接过程的稳定性。电弧电压随着焊接电流的增大而增大。短路过渡时，电弧电压通常为 16~24V；细滴过渡时，对于直径为 1.2~3.0mm 的焊丝，电弧电压可在 25~44V 内选择。

师傅点拨

生产中，常用经验公式来估算电弧电压值。

当焊接电流≤300A 时，电弧电压（V）=0.04×焊接电流（A）+16±1.5。

当焊接电流>300A 时，电弧电压（V）=0.04×焊接电流（A）+20±2.0。

4）焊接速度

在一定的焊丝直径、焊接电流和电弧电压条件下，随着焊接速度的增加，焊缝宽度与焊缝熔深减小。焊接速度过快，不仅气体保护效果变差，可能出现气孔，还易产生咬边及未熔合等缺陷；焊接速度过慢，生产率降低，焊接变形增大。焊接速度一般为 5~50mm/s。

5）焊丝伸出长度

焊丝伸出长度是指导电嘴端头到焊丝端头之间的距离，如图 3-15 所示。伸出长度过大，焊丝会成段熔断，飞溅严重，气体保护效果差；伸出长度过小，不仅易造成飞溅物堵塞喷嘴，影响保护效果，还影响工人视线。

焊丝伸出长度取决于焊丝直径，一般短路过渡的焊丝伸出长度约等于焊丝直径的 10 倍，且不超过 15mm；细滴过渡的焊丝伸出长度不超过 25mm。

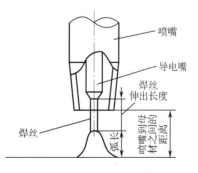

图 3-15　焊丝伸出长度

6）CO_2 流量

CO_2 流量应根据焊接电流、焊接速度、焊丝伸出长度及喷嘴直径等选择。气体流量过小，电弧不稳，保护效果差，焊缝表面易被氧化成深褐色；气体流量过大，会出现气体紊流，可能产生气孔，焊缝表面呈浅褐色。

通常在细丝 CO_2 焊时，气体流量为 8~15L/min；粗丝 CO_2 焊时，气体流量为 15~25L/min；粗丝大电流 CO_2 焊时，气体流量可提高到 25~50L/min。

7）装配间隙与坡口尺寸

由于 CO_2 焊的焊丝直径较细，电流密度大，电弧穿透力强，电弧热量集中，一般对于板厚在 12mm 以下的焊件不开坡口也可焊透，对于必须开坡口的焊件，一般坡口角度可由焊条电弧焊的 60°左右减为 30°～40°，钝边可相应增大 2～3mm，根部间隙可相应减少 1～2mm。

8）喷嘴至焊件的距离

喷嘴与焊件间的距离应根据焊接电流来选择，如图 3-16 所示。

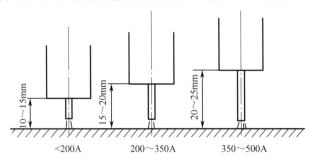

图 3-16 喷嘴至焊件的距离与焊接电流的关系

9）焊枪的运动方向

焊枪的运动方向有左向焊法和右向焊法两种，如图 3-17 所示。焊枪倾角一般为 10°～15°。采用左向焊法操作时，焊枪自右向左移动，电弧的吹力作用在熔池及其前沿处，将熔池向前推进，由于电弧不直接作用在焊接处，因此熔深较浅，焊道平而宽，保护效果好，常用于薄板焊接。

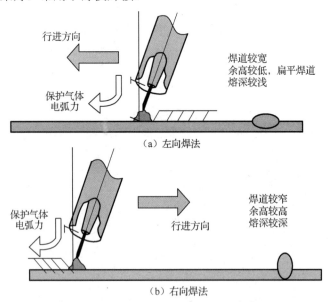

图 3-17 焊枪的运动方向

采用右向焊法操作时，焊枪自左向右移动，电弧直接作用在焊接处，熔深较大，焊道窄而高，多用于厚板焊接。

三、MIG 焊

熔化极惰性气体保护电弧焊一般采用 Ar 或 Ar 和 He 的混合气体作为保护气体进行焊接，简称 MIG 焊。MIG 焊通常指的是熔化极氩弧焊。

1. 熔化极氩弧焊的原理及特点

1）熔化极氩弧焊的原理

熔化极氩弧焊用焊丝作为电极，在 Ar 保护下，电弧在焊丝与焊件之间燃烧。焊丝连续送给并不断熔化，而熔化的熔滴也不断向熔池过渡，与液态的焊件金属熔合，经冷却凝固后形成焊缝。

2）熔化极氩弧焊的特点

熔化极氩弧焊与 CO_2 焊、钨极氩弧焊相比有以下优点。

（1）焊缝质量高。由于采用惰性气体作为保护气体，保护气体不与金属发生化学反应，也不溶于金属，合金元素不会氧化烧损。因此保护效果好，且飞溅极少，能获得较为纯净且高质量的焊缝。

（2）焊接范围广。几乎所有的金属材料都可以用熔化极氩弧焊进行焊接，特别适宜焊接化学性质活泼的金属材料。熔化极氩弧焊主要用于铝、镁、钛、铜及其合金和不锈钢、耐热钢等材料的焊接，有时还可用于焊接结构的打底焊。能焊薄板也能焊厚板，特别适用于中厚板和厚板的焊接。

（3）焊接效率高。由于用焊丝作为电极，克服了钨极氩弧焊中钨极熔化和烧损的限制，焊接电流可大大提高，焊缝厚度大，焊丝熔敷速度快，所以一次焊接的焊缝厚度显著增加，具有较高的焊接效率，并改善了劳动条件。

熔化极氩弧焊的主要缺点是无脱氧去氢作用，对焊丝和母材上的油、锈敏感，易产生气孔等缺陷。由于采用 Ar 或 He 作为保护气体，焊接成本相对较高。

3）熔化极氩弧焊的熔滴过渡形式

当采用短路过渡或滴状过渡焊接时，由于飞溅较严重，电弧复燃困难，焊件金属熔化不良容易产生焊缝缺陷，所以熔化极氩弧焊一般不采用短路过渡或滴状过渡形式，多采用喷射过渡的形式。

2. 熔化极氩弧焊的焊接系统及焊接参数

1）熔化极氩弧焊的焊接系统

熔化极氩弧焊的焊接系统组成与 CO_2 焊基本相同，主要由焊接电源、供气系统、送丝机构、控制系统、焊枪、冷却系统等部分组成。

熔化极氩弧焊的供气系统由于采用惰性气体，故不需要预热器。又因为惰性气体也不像 CO_2 那样含有水分，故不需要干燥器。

2）熔化极氩弧焊的焊接参数

熔化极氩弧焊的主要焊接参数有焊丝直径、焊接电流、电弧电压、焊接速度、喷嘴直径、Ar 流量等。

焊接电流和电弧电压是获得喷射过渡形式的关键，只有焊接电流大于临界电流，才能实现喷射过渡，不同材料和不同焊丝直径的临界电流如表 3-8 所示。但焊接电流

也不能过大，若焊接电流过大，熔滴将产生不稳定的非轴向喷射过渡，飞溅增加，破坏熔滴过渡的稳定性。

表3-8　不同材料和不同焊丝直径的临界电流

材　料	焊丝直径/mm	临界电流/A
铝	0.8	95
	1.2	135
	1.6	180
脱氧铜	0.9	180
	1.2	210
	1.6	310
钛	0.8	120
	1.6	225
	2.4	320
不锈钢	0.8	160
	1.2	210
	1.6	240
	2.0	280
	2.5	300
	3.0	350

要获得稳定的喷射过渡，在选定焊接电流后，还要匹配合适的电弧电压。实践表明，对于一定的临界电流都有一个最低的电弧电压与之匹配，如果电弧电压低于这个值，即使电流比临界电流大得多，也不能获得稳定的喷射过渡。但电弧电压也不能过高，电弧电压过高，不仅影响保护效果，还会使焊缝成形不良。

由于熔化极氩弧焊对熔池和电弧区的保护要求较高，而且电弧功率及熔池体积一般较钨极氩弧焊大，所以 Ar 流量和喷嘴孔径相应增大，通常喷嘴孔径为 20mm 左右，Ar 流量为 10～60L/min。

焊丝的伸出长度增加，其电阻热增加，焊丝的熔化速度增大。焊丝伸出长度过长会造成电弧热低，熔敷过多的焊缝金属，使焊缝成形不良，熔深减小，电弧不稳定；焊丝伸出长度过短，电弧易烧导电嘴，金属飞溅易堵塞喷嘴。熔化极氩弧焊合适的伸出长度为 13～25mm。

熔化极氩弧焊采用直流反接，因为直流反接易实现喷射过渡，飞溅少，还可发挥"阴极破碎"作用。

四、MAG 焊

1．MAG 焊的原理及特点

熔化极活性气体保护电弧焊，是用在惰性气体 Ar 中加入少量的氧化性气体（CO_2、O_2 或其混合气体）的混合气体作为保护气体的一种熔化极气体保护电弧焊方法，简称 MAG 焊。由于混合气体中 Ar 所占比例大，因此又常称为富氩混合气体保护电弧焊。现常用 Ar 与 CO_2 混合气体来焊接碳钢及低合金钢。

MAG 焊除了具有一般气体保护电弧焊的特点，与氩弧焊、CO_2 焊相比还具有以下特点。

1）与氩弧焊相比

（1）MAG 焊的熔池、熔滴温度比氩弧焊高，电流密度大，所以熔深大，焊缝厚度大，并且焊丝熔化速度快，熔敷效率高，有利于提高生产率。

（2）MAG 焊具有一定的氧化性，克服了纯 Ar 保护时表面张力大、液态金属黏稠、易咬边及斑点漂移等问题。同时改善了焊缝成形，由氩弧焊的指状（蘑菇）成形变为深圆弧状成形，接头的力学性能好。

（3）MAG 焊加入一定量的较便宜的 CO_2，降低了焊接成本，但 CO_2 的加入提高了产生喷射过渡的临界电流，引起熔滴和熔池的氧化及合金元素的烧损。

2）与 CO_2 焊相比

（1）MAG 焊电弧温度高，易形成喷射过渡，故电弧燃烧稳定，飞溅减少，熔敷系数提高，节省焊接材料，生产率提高。

（2）MAG 焊的大部分保护气体为惰性气体 Ar，对熔池的保护性较好，焊缝中产生气孔的概率下降，力学性能有所提高。

（3）MAG 焊的焊缝成形好，焊缝平缓，焊波细密、均匀美观，但成本较 CO_2 焊高。

2．MAG 焊常用的气体及应用

1）$Ar+O_2$

$Ar+O_2$ 混合气体可用于碳钢、低合金钢、不锈钢等高合金钢及高强钢的焊接。焊接不锈钢等高合金钢及高强钢时，O_2 的含量（体积）应控制在 1%～5%；焊接碳钢、低合金钢时，O_2 的含量（体积）可达 20%。

2）$Ar+CO_2$

$Ar+CO_2$ 混合气体既具有用 Ar 作为保护气体的优点，如电弧稳定性好、飞溅少、很容易获得轴向喷射过渡等，又因为具有氧化性，克服了用单一 Ar 保护焊接时产生的阴极漂移现象及焊缝成形不良等问题。Ar 与 CO_2 的比例通常为（70%～80%）/（30%～20%）。这种比例既可以用于喷射过渡电弧，又可以用于短路过渡及脉冲过渡电弧。但在用短路过渡电弧进行垂直焊和仰焊时，Ar 和 CO_2 的比例最好是 50%/50%，这样有利于控制熔池。现在常用 80%Ar+20% CO_2 的 MAG 焊来焊接碳钢及低合金钢。

3）$Ar+O_2+CO_2$

$Ar+O_2+CO_2$ 混合气体可用于焊接低碳钢、低合金钢，其焊缝成形、接头质量及金属熔滴过渡和电弧稳定性都比 $Ar+O_2$ 混合气体、$Ar+CO_2$ 混合气体好。

3．MAG 焊的焊接系统及焊接参数

MAG 焊的焊接系统组成与 CO_2 焊类似，只是在供气装置中将 CO_2 气瓶换成混合气体气瓶即可（也可通过气体混合配比器获得混合气体）。

MAG 焊焊接参数主要有焊丝、焊接电流、电弧电压、焊接速度、焊丝伸出长度、气体流量、电源种类和极性等。

1）焊丝

MAG 焊时，由于保护气体有一定氧化性，所以必须使用含有硅、锰等脱氧元素的焊丝。焊接低碳钢、低合金钢时常选用 G49A3C1S6、G49AYUC1S0 等焊丝。焊丝直径的选择与 CO_2 焊相同。

2）焊接电流

焊接电流的大小应根据工件的厚度、坡口形状、所采用的焊丝直径及所需要的熔滴过渡形式来选择。MAG 焊时，直径在 1.0mm 以下的细丝以短路过渡为主，粗丝以喷射过渡为主，其使用的焊接电流均大于临界电流。同时还可以采用脉冲 MAG 焊。细丝不但可用于平焊，还可以用于全位置焊，而粗丝只能用于平焊。在使用脉冲 MAG 焊时，可以用粗丝进行全位置焊。不同直径焊丝的焊接电流如表 3-9 所示。

表 3-9　不同直径焊丝的焊接电流

焊丝直径/mm	MAG 焊	
	直流电流范围/A	脉冲电流范围/A（平均值）
0.4	20～70	
0.6	25～90	
0.8	30～120	
1.0	50～300（260）	
1.2	60～440（320）	60～350
1.6	120～550（360）	80～500
2.0	450～650（400）	
4.0	650～800（630）	
5.0	750～900（700）	

注：括号内数值为临界电流。

3）电弧电压

电弧电压的大小决定了电弧长短与熔滴的过渡形式。只有当电弧电压与焊接电流相匹配，才能获得稳定的焊接过程。当焊接电流与电弧电压匹配良好时，电弧稳定、飞溅少、声音柔和、焊缝熔合情况良好。

 师傅点拨

在生产实际中，MAG 焊电弧电压常用经验公式来确定。

平焊时，电弧电压（V）=0.05×焊接电流（A）+16±1。

立焊、横焊、仰焊时，电弧电压（V）=0.05×焊接电流（A）+10±1。

4）焊丝伸出长度

焊丝伸出长度与 CO_2 焊基本相同，一般为焊丝直径的 10 倍左右。

5）气体流量

气体流量也是一个重要的工艺参数。流量太小，起不到保护作用；流量太大，由于紊流的产生，保护效果亦不好，且气体消耗量太大，成本升高。一般可参考 CO_2 焊选用。

6）焊接速度

焊接速度过快，会产生很多缺陷，如未焊透、熔合情况不佳、焊道太薄、保护效果差、焊缝产生气孔等；但焊接速度太慢又可能产生焊缝过热，甚至烧穿，成形不良，生产率太低等。因此，焊接速度应综合考虑板厚、电弧电压、焊接电流、坡口形状及大小、熔合情况和施焊位置等因素来确定并及时调整。

7）电源种类和极性

MAG 焊与 CO_2 焊一样，为了减少飞溅，一般采用直流反接，即焊件接负极，焊枪接正极。

五、药芯焊丝气体保护电弧焊

药芯焊丝气体保护电弧焊就是用药芯焊丝代替实芯焊丝作为填充金属及熔化电极的气体保护电弧焊。药芯焊丝气体保护电弧焊有药芯焊丝 CO_2 焊、药芯焊丝 MIG焊和药芯焊丝 MAG 焊等。其中，药芯焊丝 CO_2 焊及药芯焊丝 MAG 焊（Ar+CO_2）应用最广，主要应用于碳钢、低合金高强度钢及低合金耐热钢的焊接。

1. 药芯焊丝气体保护电弧焊的原理及特点

1）药芯焊丝气体保护电弧焊的原理

药芯焊丝气体保护电弧焊的原理与普通熔化极气体保护电弧焊一样，是以可熔化的药芯焊丝作为电极及填充材料，在外加气体（如 CO_2、Ar+CO_2）的保护下进行焊接的电弧焊方法。与普通熔化极气体保护电弧焊的主要区别在于焊丝内部装有药粉，焊接时，在电弧热作用下熔化的药芯焊丝、母材金属和保护气体之间发生冶金反应，同时形成一层较薄的液态熔渣包覆熔滴并覆盖熔池，对熔化金属形成了又一层的保护。这种焊接方法实质上是一种气渣联合保护的方法，药芯焊丝气体保护电弧焊的原理如图 3-18 所示。

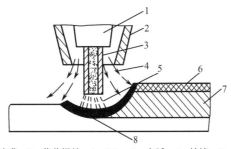

1—导电嘴；2—喷嘴；3—药芯焊丝；4—CO_2；5—电弧；6—熔渣；7—焊缝；8—熔池。

图 3-18　药芯焊丝气体保护电弧焊的原理

2）药芯焊丝气体保护电弧焊的特点

药芯焊丝气体保护电弧焊综合了焊条电弧焊和普通熔化极气体保护电弧焊的优点。

（1）采用气渣联合保护，保护效果好，抗气孔能力强，焊缝成形美观，电弧稳定性好，飞溅少且颗粒细小。

（2）药芯焊丝熔敷速度快，熔敷速度明显高于焊条，且高于实芯焊丝，熔敷效率和生产率都较高，生产率比焊条电弧焊高 3～5 倍，经济效益显著。

（3）焊接适应性强，通过调整药粉的成分与比例，可焊接和堆焊不同成分的钢材。

（4）由于药粉改变了电弧特性，对焊接电源无特殊要求，交流、直流电源，平特性、下降特性电源均可。

药芯焊丝气体保护电弧焊也有不足之处：焊接时产生的烟尘较多；药芯焊丝制造较复杂，成本稍高；送丝较实心焊丝困难，需要采用降低送丝压力的送丝机；药芯焊丝外表易锈蚀、药粉易吸潮，使用前需对药芯焊丝外表进行清理并进行 250～300℃的烘烤。

2. 药芯焊丝的组成

药芯焊丝是由金属外皮（如 08A）和芯部药粉组成的，即由薄钢带卷成圆形钢管或异形钢管的同时，填满一定成分的药粉，经拉制而成。其截面形状有 O 形、梅花形、T形、E 形、中间填丝形等，药芯焊丝的截面形状如图 3-19 所示。药粉的成分与焊条的药皮类似，目前国产的 CO_2 焊药芯焊丝多为钛型渣系药芯焊丝和碱性渣系药芯焊丝，直径规格有 1.2mm、1.4mm、1.6mm、2.0mm、2.4mm、2.8mm、3.2mm 等几种。

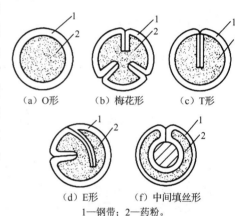

(a) O形　　(b) 梅花形　　(c) T形

(d) E形　　(f) 中间填丝形
1—钢带；2—药粉。

图 3-19　药芯焊丝的截面形状

3. 药芯焊丝气体保护电弧焊的焊接参数

药芯焊丝 CO_2（MAG）焊工艺与实心焊丝 CO_2（MAG）焊相似，其焊接参数主要有焊接电流、电弧电压、焊接速度、焊丝伸出长度等。电源一般采用直流反接，焊丝伸出长度一般为 15～25mm。焊接电流与电弧电压必须恰当匹配，一般焊接电流增加电弧电压应适当提高。不同直径的药芯焊丝 CO_2 焊常用的焊接电流、电弧电压范围如表 3-10 所示。

表 3-10　不同直径的药芯焊丝 CO_2 焊常用的焊接电流、电弧电压范围

药芯焊丝直径/mm	1.2	1.4	1.6
焊接电流/A	110～350	130～400	150～450
电弧电压/V	18～32	20～34	22～38

任务三　机器人点焊方法与工艺

一、点焊的原理、特点、分类及应用

1. 点焊的原理

点焊时，将焊件搭接装配后，在两圆柱形电极间压紧，并通以很大的电流，利用两焊件接触电阻较大，产生大量热量，迅速将焊件接触处加热到熔化状态，形成

似透镜状的液态熔池（焊核），当液态熔池达到一定量后断电，在压力的作用下，冷却凝固形成焊点。

点焊的热能就是电阻热。点焊产生电阻热的电阻有焊件之间的接触电阻、电极与焊件的接触电阻和焊件本身的电阻3部分。点焊时电阻分布示意图如图3-20所示。

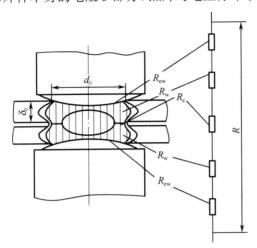

图3-20　点焊时电阻分布示意图

产生电阻热的电阻用公式表示为

$$R=2R_{ew}+R_c+2R_w$$

式中，R_{ew}为电极与焊件的接触电阻；R_c为焊件之间的接触电阻；R_w为焊件本身的电阻。

绝对平整、光滑和洁净无瑕的表面是不存在的，即任何表面都是凹凸不平的。当两个焊件相互压紧时，它们不是在整个平面上接触，而是在个别凸出点接触，电流就只能沿这些实际接触点通过，使电流流过的截面积减少，从而形成接触电阻。由于接触面总是小于焊件的截面积，且焊件表面还可能有导电性较差的氧化膜或污物，故接触电阻总是大于焊件本身的电阻。电极与焊件的接触较好，故它们之间接触电阻较小，一般可忽略不计。

由此可见，在点焊过程中，焊件间接触面上产生的电阻热，是点焊的主要热源。

 师傅点拨

接触电阻的大小与电极压力、材料性质、焊件表面光滑情况及温度有关。任何能够增大实际接触面积的因素，都会减小接触电阻，如增加电极压力，降低材料硬度，增加焊件温度等。当焊件表面存在着氧化膜和其他污物时，会显著增加接触电阻。

2. 点焊焊点的形成

1）形成过程

点焊焊点的形成过程可分为彼此相接的4个阶段，如图3-21所示。

（1）预压阶段。电极下降至电流接通，确保电极压紧焊件，使焊件间有适当的压力。

（2）焊接阶段。焊接电流通过焊件，产生热量形成熔核。

（3）结晶阶段。切断焊接电流，继续保持电极压力直至熔核冷却结晶，此阶段也称为锻压阶段。

（4）休止阶段。电极提起，当下一个焊件进入电极间时电极再次开始下降，开始下一个焊接循环。

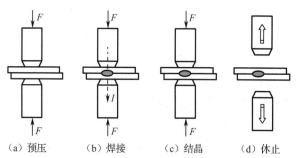

（a）预压　　　（b）焊接　　　（c）结晶　　　（d）休止

图 3-21　点焊焊点的形成过程

2）焊点尺寸

焊点尺寸包括熔核直径、熔深和压痕深度，点焊焊点如图 3-22 所示。熔核直径与电极端面直径和工件厚度有关，熔核直径与电极端面直径的关系为 $d = (0.9 \sim 1.4)d_{极}$，同时应满足：

$$d = 2\delta + 3$$

压痕深度 c 是指工件表面至压痕底部的距离，应满足下式：

$$c = (0.1 \sim 0.15)\delta$$

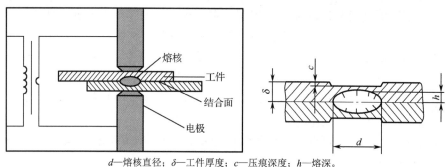

d—熔核直径；δ—工件厚度；c—压痕深度；h—熔深。

图 3-22　点焊焊点

3．点焊特点

点焊与其他焊接方法相比有以下特点。

（1）由于是内部热源，热量集中，加热时间短，在焊点形成过程中始终被塑性环包围，故点焊冶金过程简单，热影响区小，变形小，易于获得质量较好的焊接接头。

（2）焊接速度快，对点焊来说，1s 甚至可以焊接 4～5 个焊点，故生产率高。

（3）除消耗电能外，点焊不需要消耗焊条、焊丝、乙炔、焊剂等，可节省材料，因此成本较低。

（4）操作简便，易于实现机械化、自动化。

（5）改善劳动条件，点焊产生的烟尘、有害气体少。

（6）由于焊接在短时间内完成，需要用大电流及高电极压力，因此点焊机容量大，设备成本较高、维修较困难。而且常用的大功率单相交流焊机不利于电网的正常运行。

（7）点焊机大多工作位置固定，不如焊条电弧焊等灵活、方便。

（8）点焊的搭接接头不仅增加了焊件的质量，还因为在两板间熔核周围形成尖角，致使接头的抗拉强度和疲劳强度降低。

（9）目前尚缺乏简单又可靠的无损检验方法，只能靠工艺试样和焊件的破坏性试验来检查，以及靠各种监控技术来保证。

4．点焊分类及应用

点焊时，按对焊件供电的方向，可分为单面点焊和双面点焊；按一次形成的焊点数，可分为单点焊、双点焊、多点焊。常用的点焊方法如图 3-23 所示。双面点焊是点焊机器人常采用的方法。

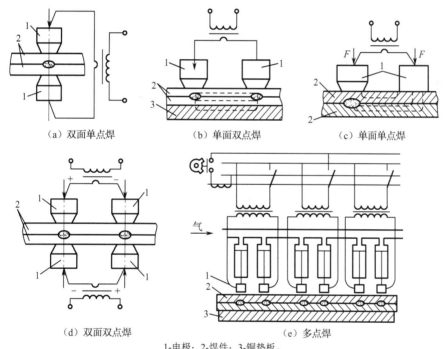

（a）双面单点焊　　　（b）单面双点焊　　　（c）单面单点焊

（d）双面双点焊　　　　　　（e）多点焊

1-电极；2-焊件；3-铜垫板。

图 3-23　常用的点焊方法

点焊是一种高速、经济的焊接方法。由于点焊接头采用搭接形式，所以它主要适用于采用搭接接头，接头不要求气密，焊接厚度一般小于 3mm 的冲压、轧制的薄板构件（最薄为 0.005mm，最厚为 8mm+8mm）。点焊目前广泛应用于汽车、飞机、建筑、家具等行业，多用于低碳钢、低合金钢、不锈钢、铝及铝合金、钛及钛合金、铜及铜合金等材料的焊接。

二、点焊系统

点焊系统主要由点焊机（电源）、电极、焊钳、点焊控制器（时控器）、冷却系统等部分组成。

1．点焊机

单相交流工频焊机、三相次级整流焊机属于传统的点焊设备，这些焊机的体积大、效率低，通常用作普通点焊的焊接电源。

中频逆变焊机、交流变频焊机是点焊机器人常用的焊接电源，两者的原理类似，都是采用交流逆变技术的焊接电源。与传统焊机相比，其功率因数高、电流调节速度快、三相负载平衡，变压器的体积大为减小，节能效果明显。

点焊是以电阻热作为热源的，为了使焊件加热到足够的温度，必须通以很大的焊接电流。常用的电流为 2～40kA，在铝合金点焊或钢轨对焊时甚至可达 150～200kA。由于焊件焊接回路电阻通常只有几微欧，所以电源电压低，固定式焊机的电源电压通常在 10V 以内，悬挂式焊机因焊接回路很长，电源电压也仅为 24V 左右。由于电流大造成变流器件和导线发热十分严重，点焊机和焊钳一般都需要安装强制水冷、过热检测等保护装置。

2．电极

1）电极的作用

点焊电极是保证点焊质量的重要零件，其主要作用是向焊件传导电流，向焊件传递压力，迅速导散焊接区的热量。

2）电极材料的要求

（1）为了延长使用寿命，改善焊件表面的受热状态，电极应具有高导电率和高热导率。

（2）为了使电极具有良好的抗变形和抗磨损能力，电极需要有足够的高温强度和硬度。

（3）电极的加工要方便，便于更换，且成本要低。

（4）电极材料与焊件形成合金化的倾向小，物理性能稳定，不易黏附。

电极材料主要是由加入铬、镉、铍、铅、锌、镁、锆等元素的铜合金来加工制作的。点焊电极材料的名称、性能及用途如表 3-11 所示。

表 3-11　点焊电极材料的名称、性能及用途

材　料	成分（质量分数）/%	抗拉强度 R_m/MPa	电导率（以铜为100%）/%	再结晶温度/℃	硬度 HBW	主　要　用　途
冷硬纯铜	Cu99.9	260～360	98	200	750～1000	导电性好、硬度低、温度升高易软化，用于较软的轻合金的点焊、缝焊
镉青铜	Cd0.9～1.2 Cu 余量	400	约90	260	1000～1200	机械强度高、导电性和导热性好、加热时硬度下降不明显，广泛用于钢铁和非铁金属的点焊、缝焊
铬青铜	Cr0.5 Cu 余量	500	约85	260	1300	强度、硬度高，加热时仍能保持较高的硬度，适用于焊接钢和耐热合金
铬锌青钢	Cr0.4～0.8 Zn0.3～0.6 Cu 余量	400～500	70～80	260	1100～1400	焊接钢和耐热合金，由于导电性、导热性差，在焊接轻合金时焊点表面易过热

续表

材　　料	成分（质量分数）/%	抗拉强度 R_m/MPa	电导率（以铜为100%）/%	再结晶温度/℃	硬度 HBW	主　要　用　途
铬锆铜	Cr0.25～0.45 Zr0.08～0.18 Si0.02～0.04 Mg0.03～0.05 Cu 余量	≥80		700 退火 1h, ≥82HRB	≥1500	钢的焊接

3．焊钳

焊钳是点焊机器人的作业工具。焊钳通过电极的张开、闭合、加压等动作来完成点焊操作。

（1）按用途不同，点焊机器人焊钳分为 C 型焊钳和 X 型焊钳两种。

C 型焊钳用于点焊垂直及接近垂直位置的焊点；X 型焊钳则主要用于点焊水平及接近水平位置的焊点。

（2）按电极臂加压驱动方式，点焊机器人焊钳又分为气动焊钳和伺服焊钳两种。

气动焊钳是目前点焊机器人比较常用的。它利用气缸来加压，一般具有 2～3 个行程，能够使电极完成大开、小开和闭合 3 个动作，电极压力一旦调定后不能随意更改。伺服焊钳采用伺服电动机驱动完成焊钳的张开和闭合，因此其张开度可以根据实际需要任意选定并预置，而且电极间的压力也可以无级调节。

（3）按点焊变压器与焊钳的结构关系，点焊机器人焊钳可分为分离式焊钳、一体式焊钳和内藏式焊钳 3 种。

分离式焊钳是点焊变压器与钳体相分离，钳体安装在点焊机器人机的械臂上，而点焊变压器悬挂在点焊机器人的上方，可在轨道上沿点焊机器人手腕移动的方向移动，两者用二次电缆相连。其优点是减轻了点焊机器人的负载，运动速度高，价格便宜。分离式焊钳的主要缺点是需要大容量的点焊变压器，电力损耗较大，能源利用率低。此外，粗大的二次电缆在焊钳上引起的拉伸力和扭转力作用于点焊机器人的机械臂上，限制了点焊机器人的工作范围与焊接位置的选择。

一体式焊钳就是将点焊变压器和钳体安装在一起，然后共同固定在点焊机器人机械臂末端法兰盘上。主要优点是省掉了粗大的二次电缆及悬挂点焊变压器的工作架，直接将点焊变压器的输出端连到焊钳的上下电极臂上，另一个优点是节省能量。例如，输出电流为 12kA，分离式焊钳需 75kV·A 的点焊变压器，而一体式焊钳只需 25kV·A 的点焊变压器。一体式焊钳的缺点是焊钳质量显著增大，体积也增大，要求机器人本体的负载大于 60kg。此外，焊钳质量在点焊机器人活动手腕上产生的惯性力易引起过载，这就要求在设计时，尽量减小焊钳重心与点焊机器人机械臂轴心线间的距离。

内藏式焊钳是将点焊变压器安放到点焊机器人机械臂内，使其尽可能地接近钳体，变压器的二次电缆可以在内部移动。当采用这种形式的焊钳时，必须同机器人本体统一设计。其优点是二次电缆较短，点焊变压器的容量可以减小，但是会使机器人本体的设计变得复杂。

4．时控器

时控器是由微处理器及部分外围接口芯片组成的控制系统，它可根据预定的焊接监控程序，完成焊接参数的输入、焊接程序的控制及焊接系统的故障自诊断，并实现与机器人控制器、示教器的通信联系。

三、点焊工艺

1．点焊的接头形式

点焊的接头形式分为搭接接头和卷边接头两种，点焊的接头形式如图 3-24 所示。设计接头时，必须考虑边距、搭接宽度、焊点间距、装配间隙等。

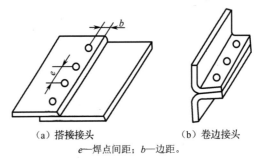

（a）搭接接头　　　　（b）卷边接头

e—焊点间距；b—边距。

图 3-24　点焊的接头形式

1）边距与搭接宽度

边距是焊点到焊件边缘的距离。边距的最小值取决于被焊金属的种类、焊件厚度和焊接参数。搭接宽度一般为边距的两倍。

2）焊点间距

焊点间距是为了避免点焊产生的分流影响焊点质量所规定的数值。焊点间距过大，则接头强度不足；焊点间距过小，又有很大的分流，所以应控制焊点间距。不同厚度材料点焊的搭接宽度及焊点间距的最小值如表 3-12 所示。

表 3-12　不同厚度材料点焊的搭接宽度及焊点间距的最小值　　　　单位：mm

材料厚度	结构钢		不锈钢		铝合金	
	搭接宽度	焊点间距	搭接宽度	焊点间距	搭接宽度	焊点间距
0.3+0.3	6	10	6	7		
0.5+0.5	8	11	7	8	12	15
0.8+0.8	9	12	9	9	12	15
1.0+1.0	12	14	10	10	14	15
1.2+1.2	12	14	10	12	14	15
1.5+1.5	14	15	12	12	18	20
2.0+2.0	18	17	12	14	20	25
2.5+2.5	18	20	14	16	24	25
3.0+3.0	20	24	18	18	26	30
4.0+4.0	22	26	20	22	30	35

小提示

分流是指点焊时一部分电流不经过焊接区，未参加形成焊点的这部分电流称为分流电流，分流示意图如图 3-25 所示。分流使焊接区的电流减小，有可能产生未焊透缺陷或使核心形状畸变。

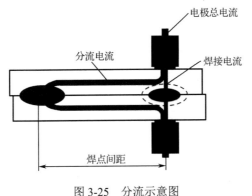

图 3-25 分流示意图

3）装配间隙

接头的装配间隙尽可能小，一般为 0.1～1mm。因为靠压力消除装配间隙，将消耗一部分压力，使实际的压力降低。

2．点焊工艺参数

点焊工艺参数主要包括焊接电流、焊接时间、电极压力、电极端面形状与尺寸等。

1）焊接电流

焊接电流是决定产生热量多少的关键因素，将直接影响熔核直径与焊透率，必然影响焊点的强度。电流太小，则热量过少，无法形成熔核或熔核过小；电流太大，则热量过多，容易引起飞溅。

2）焊接时间

焊接时间对产热与散热均产生一定的影响，在焊接时间内，焊接区产出的热量除部分散失外，将逐步积累，用来加热焊接区，使熔核扩大到所要求的尺寸。若焊接时间太短，则难以形成熔核或熔核过小。要想获得要求尺寸的熔核，应使焊接时间有一个合适的范围，并与焊接电流相配合。焊接时间一般以周波计算，一周波为0.02s。

3）电极压力

电极压力大小将影响焊接区的加热程度和塑性变形程度。随着电极压力的增大，接触电阻减小，电流密度降低，从而减慢加热速度，导致焊点熔核直径减小。如在增大电极压力的同时，适当延长焊接时间或增大焊接电流，可使熔核直径增大，从而提高焊点的强度。

4）电极端面形状与尺寸

根据焊件结构形式、焊件厚度及表面质量要求等的不同，应使用不同形状与尺寸的电极。

低碳钢点焊工艺参数如表 3-13 所示。

表 3-13 低碳钢点焊工艺参数

板厚/mm	电极端面直径/mm	电极压力/kN	焊接时间/周波	熔核直径/mm	焊接电流/kA
0.3	3.2	0.75	8	3.6	34.5
0.5	4.8	0.90	9	4.0	5.0
0.8	4.8	1.25	13	4.8	6.5
1.0	6.4	1.50	17	5.4	7.2
1.2	6.4	1.75	19	5.8	7.7
1.5	6.4	2.40	25	6.7	9.0
2.0	8.0	3.00	30	7.6	10.3

1+X 测评

一、填空题

1. 按照焊接过程中金属所处的状态不同,可以把焊接分为_____、_____、_____ 3 类。

2. 焊接是通过_____、_____或两者并用,用或不用_____,使焊件结合的一种加工方法。

3. 压焊是在焊接过程中,必须对焊件施加_____才能完成焊接的方法。

4. 熔焊是在焊接过程中,将焊件接头加热至_____,不_____完成焊接的方法。

5. CO_2 焊熔滴过渡的形式主要有_____和_____。

6. CO_2 焊采用大电流、高电压进行焊接时,熔滴呈_____形式过渡。

7. CO_2 焊采用小电流、低电压进行焊接时,熔滴呈_____形式过渡。

8. CO_2 焊时,可能出现 3 种气孔,即_____、_____、_____。

9. MAG 焊常用的混合气体有_____、_____、_____。

10. 用在惰性气体 Ar 中加入少量的_____气体组成的混合气体作为保护气体的焊接方法称为_____,简称_____焊,由于混合气体中_____所占比例大,故常称为_____。

11. 点焊时不经过焊接区,未参加形成_____的那部分电流称为_____,焊点间距越小,分流_____。

12. 点焊时,熔核不对称于其交界面而向厚板或导电性、导热性差的一侧偏移的现象叫_____。厚度不等时,熔核易偏向_____;材料不同时,熔核易偏向导电性、导热性_____的材料一侧。

13. 焊点尺寸包括_____、_____和_____。

二、判断题

1. 焊接只能将金属材料永久性地连接起来,而不能将非金属材料永久性地连接

起来。（　　　）

2．熔焊是一种既需要加热又需要加压的焊接方法。（　　　）

3．等离子弧焊是熔焊方法。（　　　）

4．电阻焊是常用的压焊方法。（　　　）

5．富氩混合气体保护电弧焊克服了纯氩弧焊易咬边，电弧斑点漂移等缺陷，同时改善了焊缝成形，提高了焊接接头的力学性能。（　　　）

6．富氩混合气体保护电弧焊与纯 CO_2 焊相比，电弧燃烧稳定、飞溅少，且易形成喷射过渡。（　　　）

7．在焊接不锈钢等高合金钢及高强钢时，常采用 $Ar+O_2$ 混合气体，O_2 的含量（体积）应控制在 1%～5%。（　　　）

8．药芯焊丝 CO_2 焊是一种气渣联合保护的焊接方法。（　　　）

9．电阻焊是电弧焊中应用最广的一种焊接方法。（　　　）

10．常用的电阻焊方法主要是点焊、缝焊、对焊和凸焊。（　　　）

11．由于电阻焊是内部热源，所以冶金过程简单，热影响区小，变形小，焊接接头质量较好。（　　　）

12．电阻焊不需消耗焊条、焊丝、焊剂等焊接材料，因此成本较低。（　　　）

【课程思政案例】

潘际銮院士：把一生与祖国需要紧紧"焊"在一起

潘际銮（1927.12.24—2022.04.19），中国科学院院士，著名焊接专家，江西瑞昌人，曾任国务院学位委员会委员兼材料科学与工程评审组长，清华大学学术委员会主任及机械系主任，南昌大学校长，国际焊接学会副主席，中国焊接学会理事长。

潘际銮参与创建中国高校第一批焊接专业，长期从事焊接专业的教学和研究工作：20 世纪 60 年代初，氩弧焊实验成功并完成清华大学第一座核反应堆焊接工程，继之成功研发中国第一台电子束焊机，以堆焊方法制造重型锤锻模；1964 年与上海汽轮机厂等合作，成功制造出中国第一根 6MW 燃气轮机压气机焊接转子，为汽轮机转子制造开辟了新方向；20 世纪 70 年代末成功研制出特色的电弧传感器及自动跟踪系统；20 世纪 80 年代成功研发出新型 MIG 焊接电弧控制法"QH-ARC 法"，首次提出用电源的多折线外特性、陡升外特性及扫描外特性控制电弧的概念，为焊接电弧的控制开辟新的途径；1987 年—1991 年在中国自行建设的第一座核电站（秦山核电站）担任焊接顾问，为该工程做出重要贡献；2003 年成功研制出爬行式全位置弧焊机器人，为国内外首创；2008 年完成"高速铁路钢轨焊接质量的分析""高速铁路钢轨的窄间隙自动电弧焊系统"项目，为中国第一条时速 350 公里高速列车在奥运前顺利开通做出贡献。潘际銮院士在 90 岁高龄时还坚持出差去合作企业指导，协助他们对机器人技术进行优化和完善。

模块四

机器人焊接示教编程

【学习任务】

任务一　焊接示教编程基础

任务二　直线轨迹示教编程

任务三　圆弧轨迹示教编程

任务四　摆动示教编程

1+X 测评

【学习目标】

1. 掌握 KUKA 机器人示教编程的基础知识
2. 掌握 KUKA 机器人直线轨迹焊接示教的基本流程（方法）
3. 掌握 KUKA 机器人圆弧轨迹焊接示教的基本流程（方法）
4. 掌握 KUKA 机器人摆动示教的基本流程（方法）

任务一　焊接示教编程基础

　　工业机器人作为一种通用型多自由度的、高自动化设备，在制造行业应用越来越广泛，它能够根据预先设定的程序准确地完成相应的动作，具有自动化程度高、可扩展性强、柔性高等特点。对于工业机器人的控制，最关键的就是对其进行编程。

　　焊接机器人示教编程主要有两种方式：一种是在线示教编程，是最早也是最基本的一种编程方式，由操作人员引导，控制焊接机器人运动，记录焊接机器人作业的程序点（示教点）并插入所需的机器人命令来完成程序的编写；另一种是离线编程，操作者不对实际作业的焊接机器人直接进行示教，而是在离线编程系统中进行编程或在模拟环境中进行仿真，生成示教数据，通过计算机间接对焊接机器人进行示教。

　　本模块主要介绍在线示教编程方法。

一、示教器及使用

示教器是在线编程的主要工具，本模块以 KUKA 机器人示教器为例进行讲解。

KUKA 机器人示教器又称 KUKA 手持示教器（KUKA smartPAD）或 KUKA 控制面板（KCP）。通过它可以对操作环境进行设置，对工艺动作进行在线编程，通过手指或指示笔在其面板上进行操作，无须鼠标和键盘。

1. KUKA smartPAD 的主要功能

KUKA smartPAD 的主要功能如表 4-1 所示。

表 4-1　KUKA smartPAD 的主要功能

序　号	功　　能
1	点动机器人
2	编写机器人程序
3	试运行程序
4	生产运行
5	查阅机器人的状态（I/O 设置、位置等）

2. 认识 KUKA smartPAD

KUKA smartPAD 前面板如图 4-1 所示，KUKA smartPAD 前面板功能说明如表 4-2 所示。

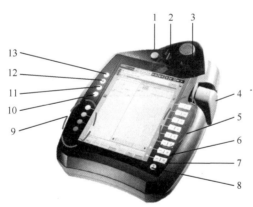

图 4-1　KUKA smartPAD 前面板

表 4-2　KUKA smartPAD 前面板功能说明

序　号	功　　能	备　注
1	用于拔下 KUKA smartPAD 的按钮	
2	用于调出连接管理器的钥匙开关	
3	紧急停止键	
4	6D 鼠标	手动移动机器人
5	移动键	手动移动机器人
6	用于设定程序倍率的按键	
7	用于设定手动倍率的按键	

续表

序　号	功　能	备　注
8	主菜单按键	
9	工艺键	
10	启动键	
11	逆向启动键	可逆向启动一个程序
12	停止键	可暂停运行中的程序
13	键盘按键	

KUKA smartPAD 背面板如图 4-2 所示，KUKA smartPAD 背面板功能说明如表 4-3 所示。

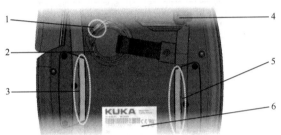

图 4-2　KUKA smartPAD 背面板

表 4-3　KUKA smartPAD 背面板功能说明

序　号	功　能
1、3、5	确认开关
2	启动键
4	USB 接口
6	型号铭牌

3. 认识 KUKA smartHMI 操作界面

KUKA smartHMI 操作界面如图 4-3 所示。KUKA smartHMI 操作界面各部分的功能说明如表 4-4 所示。

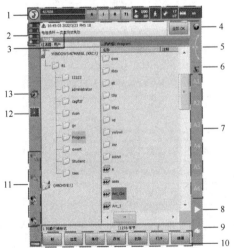

图 4-3　KUKA smartHMI 操作界面

表4-4　KUKA smartHMI 操作界面各部分的功能说明

序　号	名　称
1	状态栏
2	信息提示计数器
3	信息窗口
4	6D 鼠标状态显示
5	6D 鼠标定位
6	移动键状态显示
7	移动键标记
8	程序倍率
9	手动倍率
10	按钮栏
11	工艺键
12	时钟显示
13	WorkVisual 图表

二、机器人坐标系的建立

1. 工具坐标系的创建

工具坐标系的创建可分为以下两步。

第一步：确定工具坐标系的原点，可选择 XYZ 四点法和 XYZ 参照法。

第二步：确定工具坐标系的姿态，可选择 ABC 世界坐标系法和 ABC 两点法。

1）XYZ 四点法

XYZ 四点法就是将待测工具的 TCP 从 4 个不同的方向移向一个参考点，如图4-4 所示，参考点可以任意选择，机器人控制系统从 4 个不同的法兰位置值中计算出 TCP。操作时，移至参考点的 4 个法兰位置彼此必须间隔足够远，且不得位于同一平面。

（a）待测 TCP 位置 1

（b）待测 TCP 位置 2

微课：KUKA 机器人
工具坐标-XYZ 四点法

图4-4　XYZ 四点法 4 个不同位置

文档：KUKA 机器人
工具坐标-XYZ 四点法

（c）待测 TCP 位置 3　　（d）待测 TCP 位置 4

图 4-4　XYZ 四点法 4 个不同位置（续）

XYZ 四点法的操作步骤如下。

① 选择"投入运行"→"测量"→"工具"→"XYZ 4 点法"命令。

② 为待测量的工具给定一个号码和名称，单击"继续"按钮确认。

③ 将 TCP 移至任意一个参照点，单击"测量"按钮，当对话框显示"要采用当前位置吗？继续进行测量。"时，单击"是"按钮来确认，方向 1 的测量如图 4-5 所示。

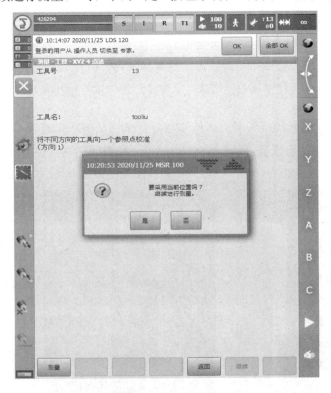

图 4-5　方向 1 的测量

④ 将 TCP 从一个其他位置向参照点移动。先单击"测量"按钮，再单击"是"按钮回答对话框的提问，方向 2 的测量如图 4-6 所示。

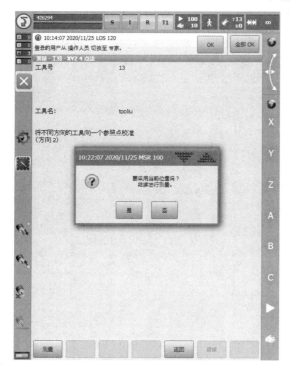

图 4-6　方向 2 的测量

⑤ 重复以上步骤两次。

⑥ 此时负载数据输入窗口自动打开，负载数据输入窗口如图 4-7 所示，先输入正确的负载数据，再单击"继续"按钮。

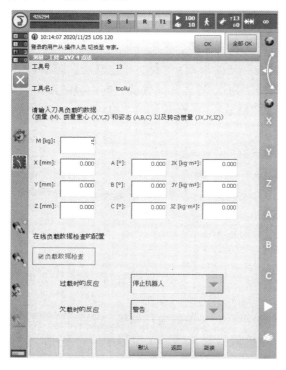

图 4-7　负载数据输入窗口

⑦ 此时包含测得的 TCP、X、Y、Z 的窗口会自动打开，测量精度可以在误差项中读取，测量误差如图 4-8 所示。数据可通过单击"保存"按钮直接保存。

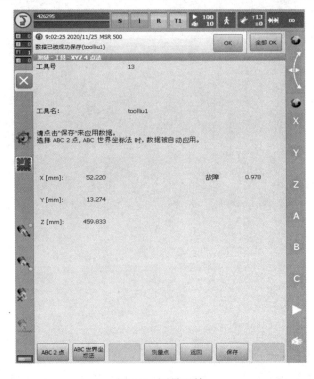

图 4-8 测量误差

2）ABC 世界坐标系法

将前面通过 XYZ 四点法测得的工具 tool13 的平行于世界坐标系的轴进行校准，机器人控制系统可获得工具坐标系的姿态。

ABC 世界坐标系法有 5D 与 6D 两种方法。5D 法将工具的作业方向告知机器人控制器，该作业方向默认为 X 轴，其他轴的方向由系统确定，对于用户来说不是很容易识别，如 MIG 焊、MAG 焊、激光切割；6D 法将 3 个轴的方向均告知机器人控制系统，如焊钳、抓爪。

ABC 世界坐标系法的操作步骤如下。

① 选择"投入运行"→"测量"→"工具"→"ABC 世界坐标系"命令。

② 在"工具号"下拉列表中选择工具的编号，单击"继续"按钮确认，选择工具编号如图 4-9 所示。

③ 在"5D/6D"下拉列表中选择一种方法，单击"继续"按钮确认，5D 法选择界面如图 4-10 所示。

④ 若选择了 5D 法，则将+X 工具坐标调整至平行于-Z 世界坐标的方向，5D 法测量如图 4-11 所示。

⑤ 若选择了 6D 法，则将+X 工具坐标调整至平行于-Z 世界坐标的方向（+Xtool=作业方向）；+Y 工具坐标调整至平行于+Y 世界坐标的方向，+Z 工具坐标调整至平行于+X 世界坐标的方向。

⑥ 单击"测量"按钮，当对话框显示"要采用当前位置吗？继续进行测量。"

时，单击"是"按钮来确认。

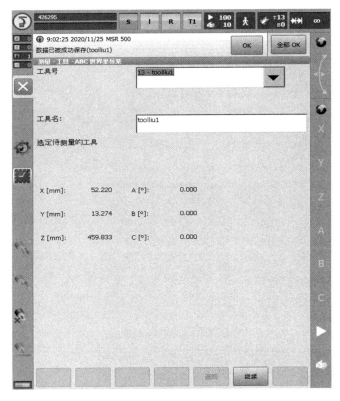

图 4-9　选择工具编号

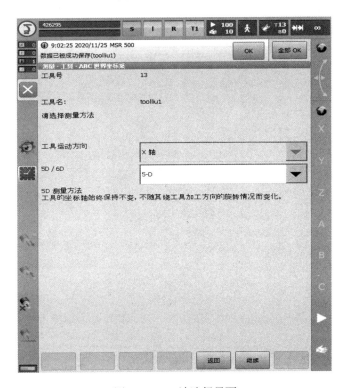

图 4-10　5D 法选择界面

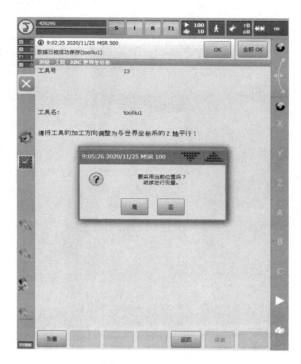

图 4-11 5D 法测量

⑦ 单击"继续"按钮和"保存"按钮，保存数据。

3）ABC 两点法

机器人工具坐标系姿态的测量也可以用 ABC 两点法，ABC 两点法如图 4-12 所示，用 ABC 两点法测量的前提条件是 TCP 已通过 XYZ 四点法或 XYZ 参照法测得。当轴的方向必须精确确定时，用此方法可以确定。

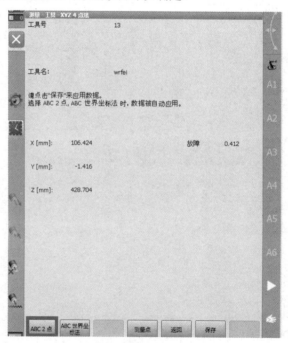

图 4-12 ABC 两点法

ABC 两点法的操作步骤如下。

① 选择"投入运行"→"测量"→"工具"→"ABC 2 点法"命令。

② 在"工具号"下拉列表中选择工具的编号，单击"继续"按钮确认，选择工具编号如图 4-13 所示。

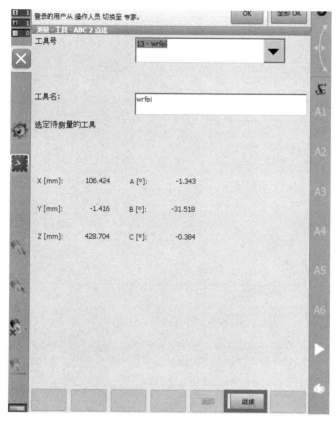

图 4-13　选择工具编号

③ 将待测量工具的 TCP 移至任意一个参考点，先单击"测量"按钮，再单击"继续"按钮确认，ABC 两点法的参考点如图 4-14 所示。

④ 移动工具，将待测工具的 X 轴（加工方向）负方向上的一点移至参考点，ABC 两点法的第一点如图 4-15 所示。

⑤ 移动参考点，将 Y 值（待测工具 X-Y 平面上）为正的某点移至参考点，ABC 两点法的第二点如图 4-16 所示。

⑥ 单击"继续"按钮和"保存"按钮保存数据。

2. 基坐标系的创建

基坐标的测量只能用一个事先测定的工具进行，TCP 必须已知。

测量基坐标的三点法操作步骤如下。

① 选择"投入运行"→"测量"→"基坐标"→"3 点"命令。

② 为基坐标分配一个基坐标系统号和基坐标系

微课：KUKA 机器人基坐标创建

名称，单击"继续"按钮确认，基坐标的测量如图 4-17 所示。

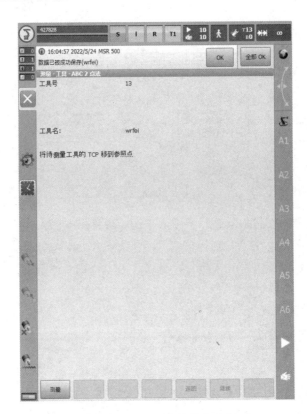

图 4-14　ABC 两点法的参考点

文档：KUKA 机器
人基坐标创建

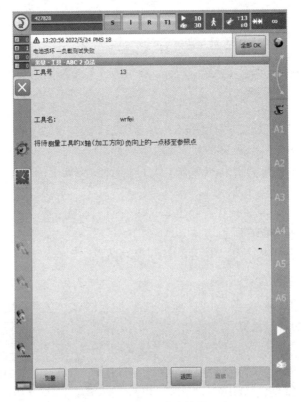

图 4-15　ABC 两点法的第一点

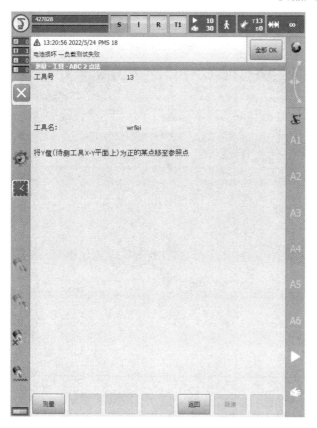

图 4-16　ABC 两点法的第二点

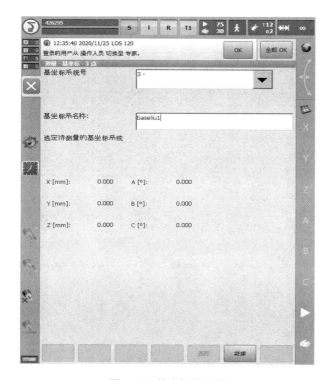

图 4-17　基坐标的测量

③ 在"参考工具编号"下拉列表中选择需用 TCP 测量基坐标的工具编号，选择工具编号如图 4-18 所示，单击"继续"按钮确认。

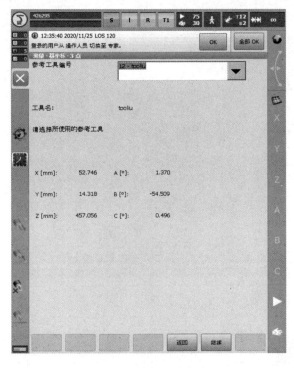

图 4-18　选择工具编号

④ 将 TCP 移至新基坐标系的原点，测量基坐标系的原点如图 4-19 所示，先单击"测量"按钮，再单击"是"按钮确认位置。

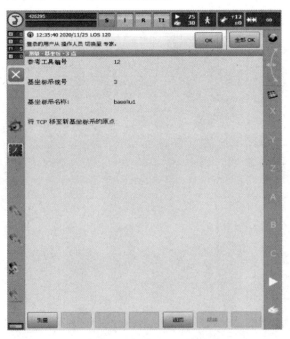

图 4-19　测量基坐标系的原点

⑤ 将 TCP 移至新基坐标系 X 轴正向上的一点，测量基坐标系的 X 方向如图 4-20 所示，先单击"测量"按钮，再单击"是"按钮确认位置。

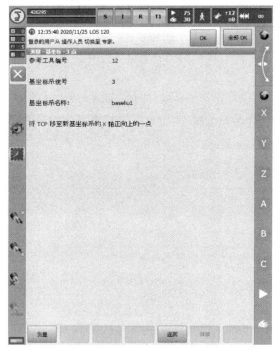

图 4-20　测量基坐标系的 X 方向

⑥ 将 TCP 移至新基坐标系的 XY 平面上一个带有正 Y 值的点，测量基坐标系的 Y 方向如图 4-21 所示，先单击"测量"按钮，再单击"是"按钮确认位置。需要注意的是 3 个测量点不允许位于一条直线上，这 3 个测量点间必须有一个夹角，标准设定为 2.5°。

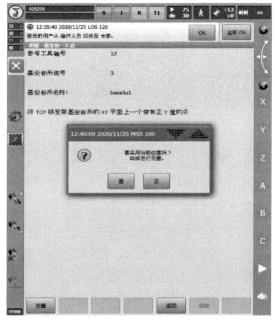

图 4-21　测量基坐标系的 Y 方向

⑦ 单击"保存"按钮，保存新基坐标系的数据，关闭菜单。

三、程序文件的创建

1. 创建程序模块　　　微课：KUKA 机器人程序创建　　文档：KUKA 机器人程序创建

① 在导航器窗口中，先选定要在其中建立程序的文件夹，如 Program 文件夹，然后切换到文件列表，单击"新"按钮来新建程序，新建程序如图 4-22 所示。

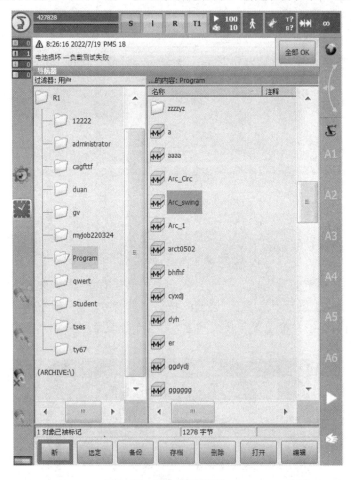

图 4-22　新建程序

② 先输入程序名称，如有需要，可输入注释，然后单击"OK"按钮确认，程序命名如图 4-23 所示。

2. 程序模块的组成

KUKA 机器人的程序模块由 SRC 源代码文件和 DAT 数据文件两部分组成，如图 4-24 所示。

1）SRC 源代码文件

SRC 源代码文件中包括程序模块定义、程序指令等，具体如下。

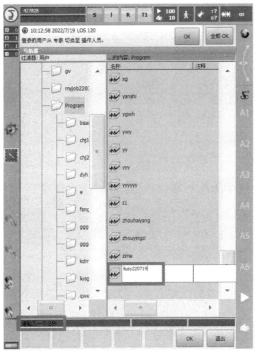

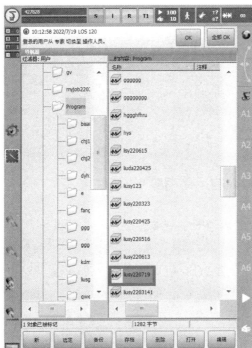

图 4-23　程序命名

图 4-24　KUKA 程序模块的组成

```
DEF Modul220116 ( )
INI
PTP HOME    Vel= 100 % DEFAULT
PTP P1    Vel=100 % PDAT1 Tool[0] Base[0]
LIN P2    Vel=2 m/s CPDAT1 Tool[0] Base[0]
PTP HOME    Vel= 100 % DEFAULT
END
```

2）DAT 数据文件

DAT 数据文件中包括点坐标数据，数据列表如下。

```
DEFDAT Modul220116
EXTERNAL DECLARATIONS
DECL E6POS XP1={X 300.0,Y 100.0,Z 200.0,A 0.0,B 0.0,C 0.0,S 0,T 0,E1 0.0,E2 0.0,E3 0.0,E4
0.0,E5 0.0,E6 0.0}
DECL FDAT FP1={TOOL_NO 0,BASE_NO 0,IPO_FRAME #BASE,POINT2[] " ",TQ_STATE
FALSE}
DECL PDAT PPDAT1={VEL 100,ACC 100,APO_DIST 100,APO_MODE #CPTP,GEAR_JERK
50}
DECL E6POS XP2={X 0.0,Y 0.0,Z 0.0,A 0.0,B 0.0,C 0.0,S 0,T 0,E1 0.0,E2 0.0,E3 0.0,E4 0.0,E5
0.0,E6 0.0}
DECL FDAT FP2={TOOL_NO 0,BASE_NO 0,IPO_FRAME #BASE,POINT2[] " ",TQ_STATE
FALSE}
DECL LDAT LCPDAT1={VEL 2,ACC 100,APO_DIST 100,APO_FAC 50,AXIS_VEL 100.0,
AXIS_ACC 100.0,ORI_TYP #VAR,CIRC_TYP #BASE,JERK_FAC 50.0,GEAR_JERK 50.0, EXAX_
IGN 0}
ENDDAT
```

四、KUKA 机器人的运动指令

1. KUKA 机器人的运动指令参数

KUKA 机器人的运动指令参数说明如表 4-5 所示。对机器人运动进行示教编程时需要知道机器人运动位置 POS，机器人运行方式（点到点运行 PTP、直线运行 LIN、圆形运行 CIRC），两点间运动速度 Vel 和轨迹逼近 CONT，还可以针对每个运动对姿态引导进行单独设置等。

表 4-5　KUKA 机器人的运动指令参数说明

运动指令参数	说　　明
机器人运动位置	POS，工具在空间中的相应位置会被保存
机器人运行方式	PTP 点到点运行
	LIN 直线运行
	CIRC 圆形运行
两点间运动速度	Vel，速度快慢

续表

运动指令参数	说　明
轨迹逼近	CONT 为提高机器人节拍，运行点可以添加轨迹逼近，圆滑过渡到下一运动指令
运行姿态	针对每个运动对姿态引导单独设置

用示教方式对机器人运动进行编程时必须输入这些参数信息。

2．KUKA 机器人的运行方式

KUKA 机器人有多种运行方式，可根据需要编程，使机器人以不同的运行方式工作。

1）PTP 运行方式

机器人按轴坐标运动，沿最快的轨道将 TCP 引至目标点。一般情况下最快的轨道并不是最短的轨道，也就是说运动轨迹并非直线。因为机器人轴进行回转运动，所以曲线轨道比直线轨道进行得更快，KUKA 机器人 PTP 运行方式如图 4-25 所示。

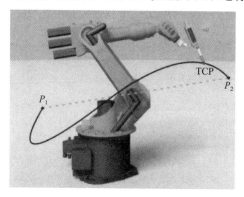

图 4-25　KUKA 机器人 PTP 运行方式

2）LIN 运行方式和 CIRC 运行方式

LIN 运行方式指机器人沿一条直线以定义的速度将 TCP 引至目标点。CIRC 运行方式指机器人沿圆形轨道以定义的速度将 TCP 移动至目标点。圆形轨道是通过起点、辅助点和目标点定义的。KUKA 机器人 LIN 运行方式和 CIRC 运行方式如图 4-26所示。

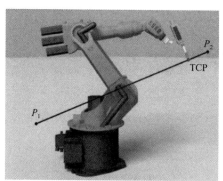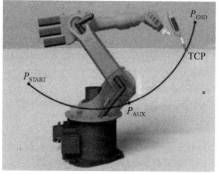

图 4-26　KUKA 机器人 LIN 运行方式和 CIRC 运行方式

直线轨迹示教编程

一、直线轨迹示教编程说明

机器人完成直线焊缝的焊接需要示教两个程序点（直线的两个端点），插补方式选择"直线插补"，以图 4-27 所示的运动轨迹为例，图中 P0→P1、P1→P2、P2→P3、P3→P4 均为直线移动，且 P1→P2 和 P2→P3 为焊接区间。

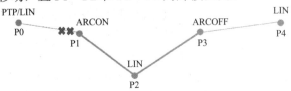

图 4-27　直线轨迹示意图

直线轨迹示教方法如表 4-6 所示。

表 4-6　直线轨迹示教方法

序　号	示 教 点	示 教 方 法
1	P0 直线轨迹开始点	◇ 将机器人移动到直线轨迹开始点 ◇ 选择左下角"指令"→"运动"→"PTP"或"LIN"命令，添加指令"PTP"或"LIN" ◇ 单击右下角"指令 OK"按钮，保存示教点 P0 为直线轨迹开始点
2	P1 焊接开始点	◇ 将机器人移动到焊接开始点 ◇ 选择左下角"指令"→"ArcTech"→"ARC 开"命令，添加指令"Arc 开" ◇ 单击右下角"指令 OK"按钮，完成机器人焊接开始点的示教
3	P2 焊接中间点	◇ 将机器人移动到焊接中间点 ◇ 选择左下角"指令"→"运动"→"LIN"命令，添加指令"LIN" ◇ 单击右下角"指令 OK"按钮，保存示教点 P2 为焊接中间点
4	P3 焊接结束点	◇ 将机器人移动到焊接结束点 ◇ 选择左下角"指令"→"ArcTech"→"ARC 关"命令，添加指令"Arc 关" ◇ 单击右下角"指令 OK"按钮，完成机器人焊接结束点的示教
5	P4 直线轨迹结束点	◇ 将机器人移动到直线轨迹结束点 ◇ 选择左下角"指令"→"运动"→"LIN"命令，添加指令"LIN" ◇ 单击右下角"指令 OK"按钮，保存示教点 P4 为直线轨迹结束点

直线焊接轨迹程序如图 4-28 所示。

```
1  DEF xuhan_t2( )
2  田 INI
3  田 PTP P0 Vel=100 % PDAT0 Tool[16]:TOOL_TCP Base[32]:TOOL_BASE
4  田 LIN P2 Vel=0.3 m/s CPDAT1 Tool[16]:TOOL_TCP Base[32]:TOOL_BASE
5  田 LIN P3 Vel=0.3 m/s CPDAT2 Tool[16]:TOOL_TCP Base[32]:TOOL_BASE
6  田 LIN P4 Vel=0.3 m/s CPDAT3 Tool[16]:TOOL_TCP Base[32]:TOOL_BASE
7  田 ARCON WDAT1 LIN p5 Vel=2 m/s CPDAT4 Tool[16]:TOOL_TCP Base[32]:TOOL_BASE
8  田 LIN P6 Vel=0.0045 m/s CPDAT5 Tool[16]:TOOL_TCP Base[32]:TOOL_BASE
9  田 ARCOFF WDAT2 LIN p7 CPDAT6 Tool[16]:TOOL_TCP Base[32]:TOOL_BASE
10 田 LIN P8 Vel=0.3 m/s CPDAT7 Tool[16]:TOOL_TCP Base[32]:TOOL_BASE
11 田 LIN P9 Vel=0.3 m/s CPDAT8 Tool[16]:TOOL_TCP Base[32]:TOOL_BASE
12 田 PTP P1 Vel=100 % PDAT1 Tool[16]:TOOL_TCP Base[32]:TOOL_BASE
13
14    END
```

图 4-28　直线焊接轨迹程序

二、直线焊缝堆焊示教案例

图 4-29 所示为直线焊缝，本案例主要介绍 KUKA 机器人直线焊接编程的主要内容。

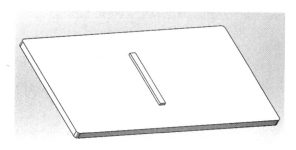

图 4-29　直线焊缝

机器人完成直线堆焊共需要 7 个示教点，如图 4-30 所示，即机器人原点、机器人过渡点、作业临近点、焊接开始点、焊接结束点、作业规避点、机器人原点。直线堆焊示教点说明如表 4-7 所示。

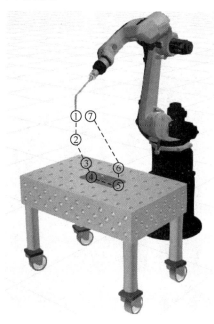

图 4-30　直线堆焊所需示教点

表 4-7　直线堆焊示教点说明

示　教　点	含　义　说　明
①	机器人原点（HOME 位置）
②	机器人过渡点
③	作业临近点
④	焊接开始点

续表

示 教 点	含 义 说 明
⑤	焊接结束点
⑥	作业规避点
⑦	机器人原点（HOME 位置）

三、实施步骤

实施步骤包括创建程序、添加轨迹点、测试程序、设置焊机参数、起弧焊接。

1. 创建程序

① 先选定建立程序的文件夹"Program"，然后切换到右侧文件列表，单击"新"按钮建立新程序，建立新程序如图 4-31 所示。

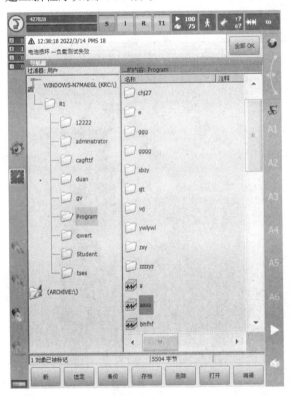

图 4-31 建立新程序

② 输入主程序名称"Arc_1"如图 4-32 所示，单击"OK"按钮确认。

2. 添加轨迹点

添加轨迹点，记录机器人 HOME 点、机器人过渡点、作业临近点、焊接开始点、焊接结束点、作业规避点、机器人 HOME 点的信息。
具体过程如下。

（1）记录机器人 HOME 点。

① 手动操作机器人将其移动到机器人 HOME

微课：库卡机器人 HOME 点示教

点。将原来程序中默认的 HOME 程序行删除，使用示教器手动操作将机器人移动到合适的位置，作为机器人 HOME 点。将机器人 HOME 点的名称改为"HOME1"，如图 4-33 所示，因为 HOME 是全局变量，所以会影响其他程序的初始位置。

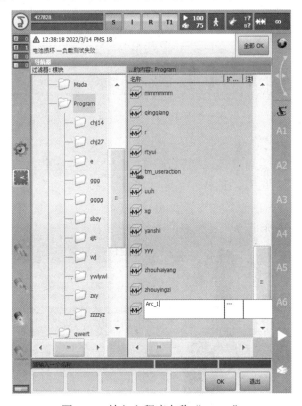

图 4-32　输入主程序名称"Arc_1"

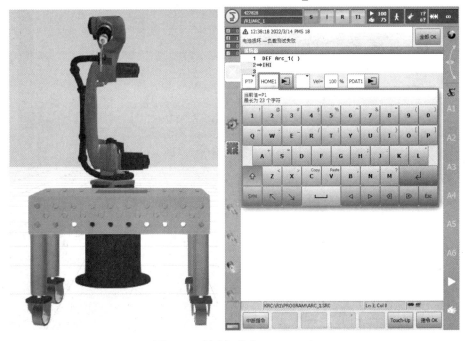

图 4-33　创建机器人 HOME1 点

② 单击示教器界面右下角"指令 OK"按钮，弹出对话框，对话框选项如图 4-34 所示，单击"是"按钮确认采用此点作为 HOME1 点。

图 4-34　对话框选项

（2）记录机器人过渡点。

① 手动操作机器人将其移动到机器人过渡点。

② 将光标移至对应行，选择左下角"指令"→"运动"→"PTP"命令，添加指令"PTP"，修改 P1 点的名称为"guodu"，如图 4-35 所示，单击示教界面右下角"指令 OK"按钮，完成机器人过渡点的示教。

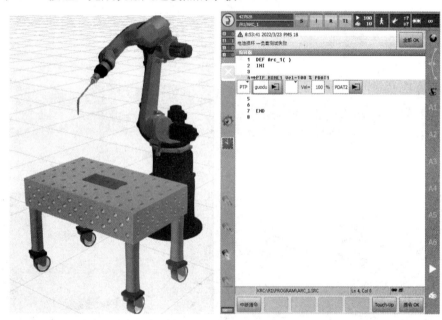

图 4-35　创建机器人过渡点

（3）记录作业临近点。

① 手动操作机器人将其移动到作业临近点。

② 将光标移至对应行，选择左下角"指令"→"运动"→"PTP"命令，添加指令"PTP"，修改点的名称为"linjin"，如图 4-36 所示，单击示教界面右下角"指令 OK"按钮，完成机器人作业临近点的示教。

（4）记录焊接开始点。

① 手动操作机器人将其移动到焊接开始点。

② 将光标移至对应行，选择左下角"指令"→"ArcTech"→"ARC 开"命令，添加指令"Arc 开"，修改点的名称为"Arc_Start"，如图 4-37 所示，单击示教界面右

下角"指令OK"按钮，完成机器人焊接开始点的示教。

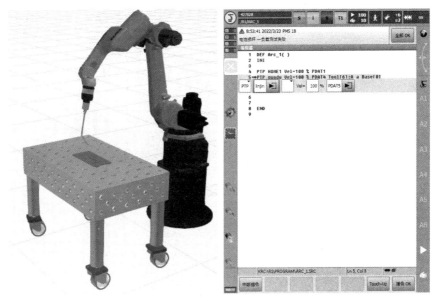

图 4-36 创建作业临近点

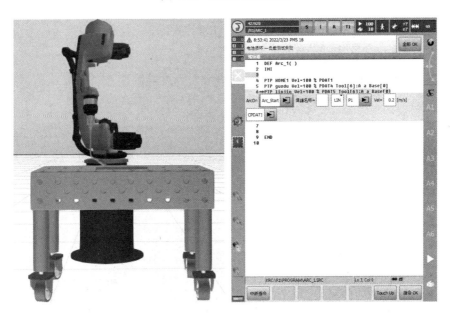

图 4-37 创建焊接开始点

③ 指令"Arc 开"中包含引燃位置（=目标点）的运动及引燃参数、焊接参数、摆动、焊接速度。引燃位置无法轨迹逼近。电弧引燃且焊接参数启用后，指令"Arc 开"结束。

④ 单击"Arc_Start"后的箭头按钮，出现如图 4-38 所示的界面，单击"引燃参数"选项卡，"信道 1"中的数值为焊机里设置的 JOB 号即焊接程序号，设置"提前送气时间"和"引燃后的等待时间"均为 0.1s。单击"焊接参数"选项卡，将其中"信道 1"中的数值改为 JOB 号。

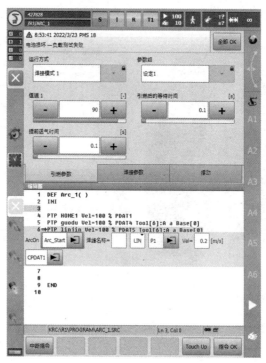

图 4-38　焊接 JOB 号设置

⑤ 在"焊接参数"选项卡中将"信道 1"设置为 90（调用福尼斯焊机的参数号），将"机器人速度"设置为 0.3m/min，即 5mm/s，设置焊接参数如图 4-39 所示。

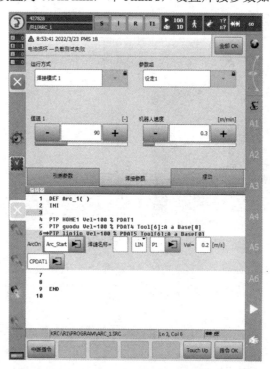

图 4-39　设置焊接参数

⑥ "摆动"选项卡不设置。

（5）记录焊接结束点。

① 手动操作机器人将其移动到焊接结束点。

② 将光标移至对应行，选择左下角"指令"→"ArcTech"→"ARC 关"命令，添加指令"Arc 关"，修改点的名称为"Arc_End"，如图 4-40 所示，单击示教界面右下角"指令OK"按钮，完成机器人焊接结束点的示教。

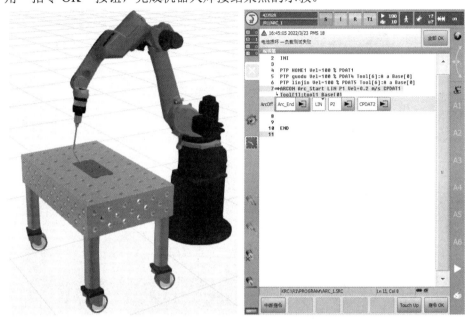

图 4-40　创建焊接结束点

③ 将"信道 1"设置为 90，将"终端焊口时间""后吹时间"设置为 0.1s。示教该点后单击"指令 OK"按钮，设置机器人终端焊口参数如图 4-41 所示。

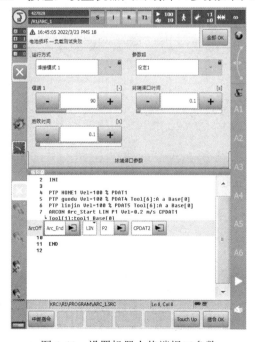

图 4-41　设置机器人终端焊口参数

（6）记录作业规避点。

① 手动操作机器人将其移动到作业规避点。

② 将光标移至对应行，选择左下角"中断指令"→"运动"→"PTP"命令，添加指令"PTP"，修改点的名称为"guibi"，如图 4-42 所示，单击示教界面右下角"指令 OK"按钮，完成机器人作业规避点的示教。

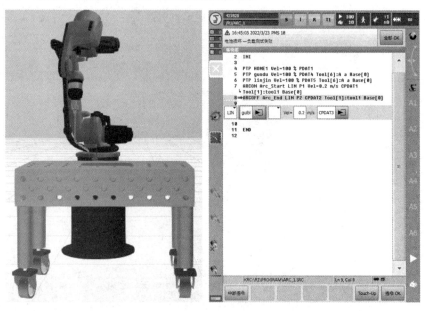

图 4-42　创建作业规避点

（7）记录机器人 HOME 点。

① 将光标定位在 HOME 程序行。

② 单击示教器界面左下角"更改"按钮，将 HOME 点名称改为"HOME1"，创建机器人 HOME1 点如图 4-43 所示。

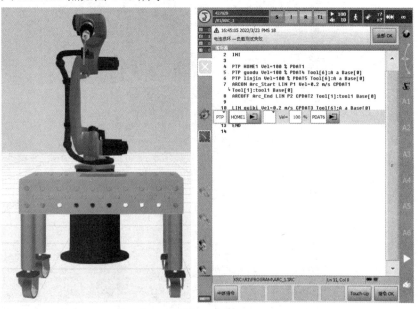

图 4-43　创建机器人 HOME1 点

3. 测试程序

按照机器人程序员安全操作规程，依次在低速（10%）、中速（35%）和高速（75%）下执行至少一个循环，确认程序执行无误后，方可自动运行任务程序。

① 单击示教器上方的图标"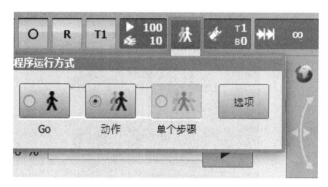"，如图 4-44 所示，选择程序运行方式为"动作"，即单步运行。

图 4-44　选择机器人运行方式

② 单击示教器上方的图标"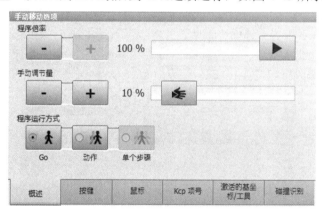"，选择程序运行方式为"Go"，即连续运行。调节"手动调节量"从 5% 到 25% 最后到 45% 连续运行，如图 4-45 所示。

图 4-45　调节机器人手动调节量

③ 确认无误后，切换到自动运行模式，如图 4-46 所示。"工艺选择"按钮需切换到不开启焊接模式。

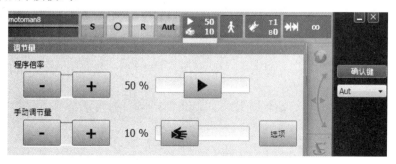

图 4-46　切换机器人自动运行模式

4．设置焊机参数（以福尼斯焊机为例）

① 启动福尼斯焊机，图 4-47 所示为福尼斯焊机的初始界面。

微课：福尼斯焊机参数调试

图 4-47　福尼斯焊机的初始界面

② 在机器人示教器中选择"菜单"→"显示"→"输入/输出端"→"数字输入/输出端"→"输出端"命令，找到信号"304"并单击右侧"值"按钮，将其置为 ON，开启信号界面如图 4-48 所示。

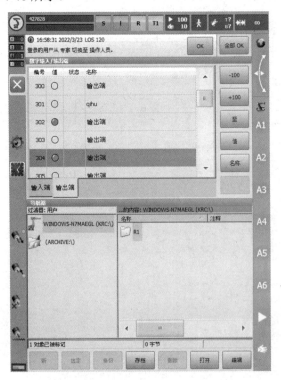

图 4-48　开启信号界面

③ 此时福尼斯焊机界面切换至 JOB 模式，JOB 信号灯亮起，如图 4-49 所示，此时可对福尼斯焊机参数进行调整。

图 4-49　福尼斯焊机的 JOB 模式

④ 旋转右上角旋钮，选择一个 JOB 通道，这里选择第 90 号通道。

⑤ 设置焊接参数。通过焊接模式切换键（右下角箭头）首先设置"P"参数，即送丝速度，通过调整送丝速度来改变焊接功率，这里设置为"2.8m/min"，电流设置为"120A"，如图 4-50 所示。

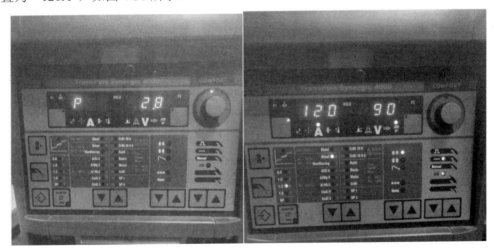

图 4-50　设置焊机焊接参数

⑥ "AL.1"为弧长修正参数，改变的是电弧的长度，对焊接过程中的焊接电压会产生影响，弧长越长，焊接电压越高，熔池宽度越宽。默认参数为 30%，这里将其设置为"0"，如图 4-51 所示。

⑦ "bbc"为回烧修正参数，在每次焊接完成后，焊丝末端都会出现一个金属小球，这会使下一次焊接时起弧出现焊接缺陷。在焊接完成后通过施以较小电流使其熔化，默认参数为 20%，这里将其设置为"0"，如图 4-52 所示。

图 4-51 调整弧长修正参数

图 4-52 调整回烧修正参数

5. 起弧焊接

焊接前检查保护气是否打开，气体流量是否满足要求，示教器上焊接工艺键是否开启（如图 4-53 所示的方框标注），以及福尼斯焊机是否准备就绪。确认无误后按下启动键，机器人执行焊接程序。

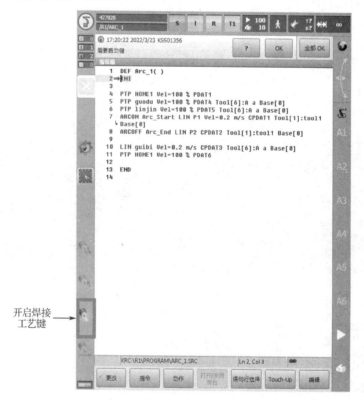

开启焊接
工艺键

图 4-53 开启焊接工艺键

任务三　圆弧轨迹示教编程

一、圆弧焊接示教编程说明

1. 单一圆弧轨迹的示教

机器人完成圆弧形焊缝的焊接通常需要示教 3 个或 3 个以上程序点（圆弧焊接开始点、圆弧焊接辅助点和圆弧焊接结束点），插补方式选择"圆弧插补"，圆弧焊接开始点是上一条指令的结束点，如图 4-54 所示的 P2 点；圆弧焊接辅助点为如图 4-54 所示的 P3 点；圆弧焊接结束点为如图 4-54 所示的 P4 点。

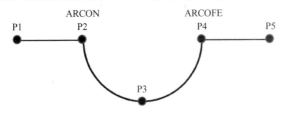

图 4-54　圆弧轨迹示教示意图

圆弧轨迹示教方法如表 4-8 所示。

表 4-8　圆弧轨迹示教方法

序　号	示 教 点	示 教 方 法
1	P1 直线轨迹开始点	✧ 将机器人移动到直线轨迹开始点 ✧ 选择左下角"指令"→"运动"→"PTP"或"LIN"命令，添加指令"PTP"或"LIN" ✧ 单击右下角"指令OK"按钮，保存示教点 P1 为直线轨迹开始点
2	P2 圆弧焊接开始点	✧ 将机器人移动到圆弧焊接开始点 ✧ 选择左下角"指令"→"ArcTech"→"ARC 开"命令，添加指令"Arc 开" ✧ 单击右下角"指令OK"按钮，完成机器人圆弧焊接开始点的示教
3	P3 圆弧焊接辅助点	✧ 将机器人移动到圆弧焊接辅助点 ✧ 选择左下角"指令"→"运动"→"CIRC"命令，添加指令"CIRC"，修改第一段圆弧焊接辅助点的名称为"P3" ✧ 单击示教界面右下角"Touchup 辅助点"按钮，完成机器人圆弧焊接第一段圆弧辅助点的示教
4	P4 圆弧焊接结束点	✧ 将机器人移动到圆弧焊接结束点 ✧ 单击示教界面右下角"Touchup 结束点"按钮，完成机器人圆弧焊接第一段圆弧结束点的示教 ✧ 单击示教界面右下角"指令OK"按钮，完成机器人焊接第一段圆弧点的示教 ✧ 该点也是机器人焊接结束点，选择左下角"指令"→"ArcTech"→"ARC 关"命令，添加指令"Arc 关"，单击示教界面右下角"指令OK"按钮，完成机器人圆弧焊接结束点的示教

续表

序　号	示　教　点	示　教　方　法
5	P5 直线轨迹结束点	◇ 将机器人移动到直线轨迹结束点 ◇ 选择左下角"指令"→"运动"→"LIN"命令，添加指令"LIN" ◇ 单击右下角"指令 OK"按钮，保存示教点 P5 为直线轨迹的结束点

二、圆弧焊缝堆焊示教案例

图 4-55 所示为圆弧焊缝，本案例主要介绍 KUKA 机器人圆弧焊接编程的内容。

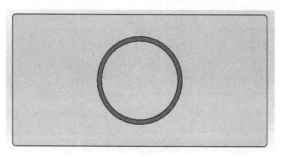

图 4-55　圆弧焊缝

机器人完成圆弧堆焊共需要 10 个示教点，如图 4-56 所示，即机器人 HOME 点、机器人过渡点、作业临近点、焊接开始点、第一段圆弧辅助点、第一段圆弧结束点、第二段圆弧辅助点、第二段圆弧结束点（焊接结束点）、作业规避点、机器人 HOME 点。

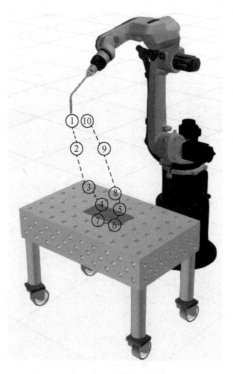

图 4-56　圆形堆焊所需示教点

三、实施步骤

实施步骤包括创建程序、添加轨迹点、测试程序、设置焊机参数、起弧焊接。

1. 创建程序

① 先选定建立程序的文件夹"Program",然后切换到右侧文件列表,单击"新"按钮建立新程序。

② 输入主程序名称"Arc_Circ",如图 4-57 所示,单击"OK"按钮确认。任务程序创建完毕。

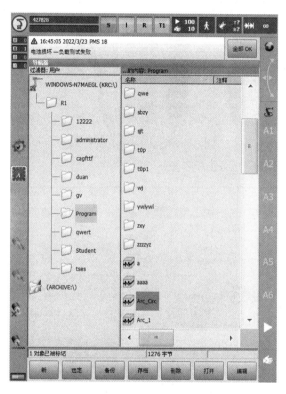

图 4-57　创建圆弧焊接任务程序

2. 添加轨迹点

完成圆弧焊缝共需要记录 10 个示教点,即机器人 HOME 点、机器人过渡点、作业临近点、焊接开始点、第一段圆弧辅助点、第一段圆弧结束点、第二段圆弧辅助点、第二段圆弧结束点(焊接结束点)、作业规避点、机器人 HOME 点。具体过程如下。

(1)记录机器人 HOME 点。

① 手动操作机器人将其移至机器人 HOME 点。使用示教器手动操作机器人移动到合适的位置,作为机器人 HOME 点。

② 将光标定位在 HOME 程序行,单击示教器界面左下角"更改"按钮,将机器人 HOME 点名称改为"HOME1",如图 4-58 所示,因为 HOME 是全局变量,所以会影响其他程序的初始位置(或将该行删除,记录为一个普通的点)。

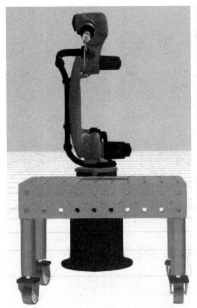
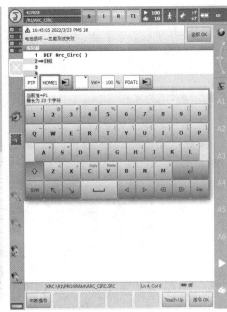

图 4-58　创建机器人 HOME1 点

（2）记录机器人过渡点。

① 手动操作机器人将其移动到机器人过渡点。

② 将光标移至对应行，选择左下角"指令"→"运动"→"PTP"命令，添加指令"PTP"，修改 P1 点的名称为"guodu"，如图 4-59 所示，单击示教界面右下角"指令 OK"按钮，完成机器人过渡点的示教。

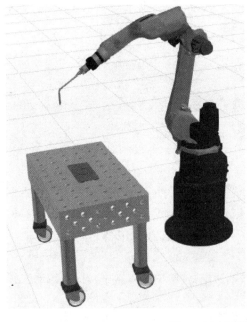
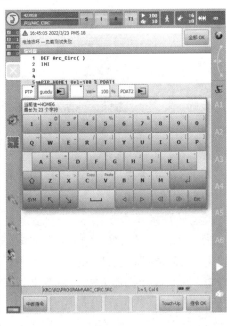

图 4-59　创建机器人过渡点

（3）记录作业临近点。

① 手动操作机器人将其移动到作业临近点。

② 将光标移至对应行，选择左下角"指令"→"运动"→"PTP"命令，添加指令"PTP"，修改点的名称为"linjin"，如图 4-60 所示，单击示教界面右下角"指令 OK"按钮，完成机器人作业临近点的示教。

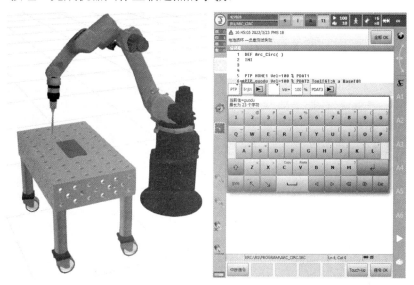

图 4-60　创建作业临近点

（4）记录焊接开始点。

① 手动操作机器人将其移动到焊接开始点。

② 将光标移至对应行，选择左下角"指令"→"ArcTech"→"ARC 开"命令，添加指令"Arc 开"，修改点的名称为"Arc_Start"，如图 4-61 所示，单击示教界面右下角"指令 OK"按钮，完成机器人焊接开始点的示教。

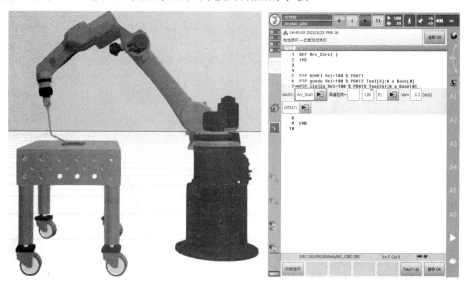

图 4-61　创建焊接开始点

③ 指令"Arc 开"中包含至引燃位置（= 目标点）的运动及引燃参数、焊接参数、摆动、焊接速度。引燃位置无法轨迹逼近。电弧引燃且焊接参数启用后，指令"Arc 开"结束。

④ 单击"Arc_Start"后的箭头按钮，出现如图 4-62 所示的界面，"信道 1"中的数值为焊机里设置的 JOB 号即焊接程序号，单击"引燃参数"选项卡，将其中"信道 1"中的数值改为 JOB 号。设置"提前送气时间"和"引燃后的等待时间"为 0.1s。

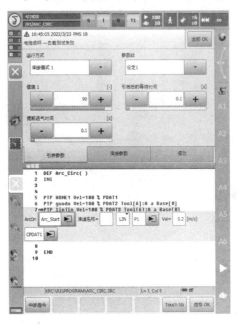

图 4-62　设置机器人引燃参数

⑤ 在"焊接参数"选项卡中将"信道 1"设置为 90（调用福尼斯焊机的参数号），将"机器人速度"设置为 0.3m/min，即 5mm/s，设置机器人焊接参数如图 4-63 所示。

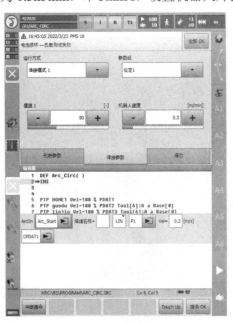

图 4-63　设置机器人焊接参数

⑥ "摆动"选项卡不设置。

（5）记录第一段圆弧辅助点。

① 手动操作机器人将其移动到第一段圆弧辅助点。

② 将光标移至对应行，选择左下角"指令"→"运动"→"CIRC"命令，添加指令"CIRC"，修改第一个圆弧辅助点的名称为"fuzhu1"，单击示教界面右下角"辅助点坐标"按钮，如图 4-64 所示，完成机器人第一段圆弧辅助点的示教。

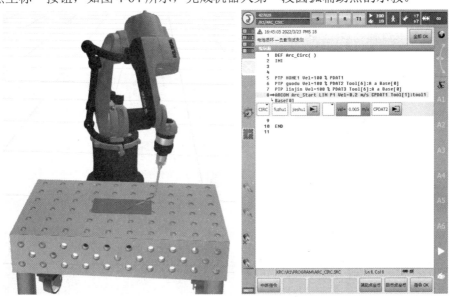

图 4-64　创建第一段圆弧辅助点

（6）记录第一段圆弧结束点。

① 手动操作机器人将其移动到第一段圆弧结束点。

② 修改第一个圆弧结束点的名称为"jieshu1"，单击示教界面右下角"目标点坐标"按钮，完成机器人第一段圆弧结束点的示教。单击示教界面右下角"指令 OK"按钮，如图 4-65 所示，完成机器人焊接第一段圆弧点的示教。

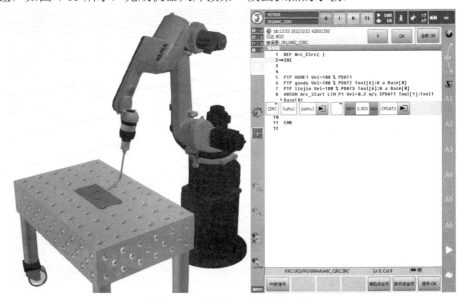

图 4-65　创建第一段圆弧结束点

③ 修改机器人圆弧焊接的运行速度为机器人实际焊接速度 0.005m/s。与"ArcOn"设置的速度保持一致。

（7）记录第二段圆弧辅助点。

① 手动操作机器人将其移动到第二段圆弧辅助点。

② 将光标移至对应行，选择左下角"指令"→"运动"→"CIRC"命令，添加指令"CIRC"，修改第二个圆弧辅助点的名称为"fuzhu2"，如图 4-66 所示，单击示教界面右下角"辅助点坐标"按钮，完成机器人第二段圆弧辅助点的示教，如图 4-67 所示。

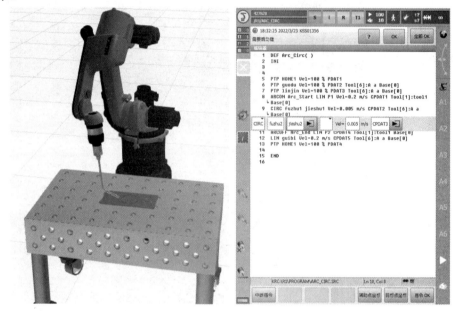

图 4-66　创建第二段圆弧辅助点

图 4-67　第二段圆弧辅助点的示教

（8）记录第二段圆弧结束点。

① 手动操作机器人使其移动到第二段圆弧结束点。

② 修改第二个圆弧结束点的名称为"jieshu2"，单击示教界面右下角"目标点坐标"按钮，如图 4-68 所示，单击示教界面右下角"指令 OK"按钮，完成机器人第二段圆弧结束点的示教。

图 4-68　创建第二段圆弧结束点

③ 修改机器人圆弧焊接的运行速度为机器人实际焊接速度 0.005m/s。

④ 该点也是焊接结束点，选择左下角"指令"→"ArcTech"→"ARC 关"命令，添加指令"Arc 关"，修改点的名称为"Arc_End"，如图 4-69 所示，单击示教界面右下角"指令 OK"按钮，完成机器人焊接结束点的示教。

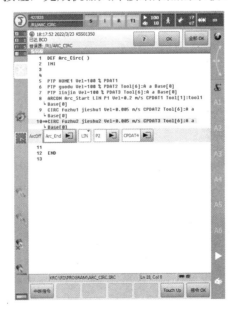

图 4-69　创建焊接结束点

⑤ 将"信道1"设置为90，将"后吹时间""终端焊口时间"设置为0.1s。示教该点后单击"指令OK"按钮，设置机器人终端焊口参数如图4-70所示。

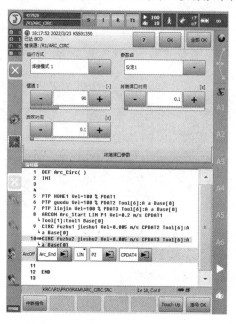

图4-70　设置机器人终端焊口参数

（9）记录作业规避点。

① 手动操作机器人将其移动到作业规避点。

② 将光标移至对应行，选择左下角"指令"→"运动"→"PTP"命令，添加指令"PTP"，修改点的名称为"guibi"，如图4-71所示，单击示教界面右下角"指令OK"按钮，完成机器人作业规避点的示教。

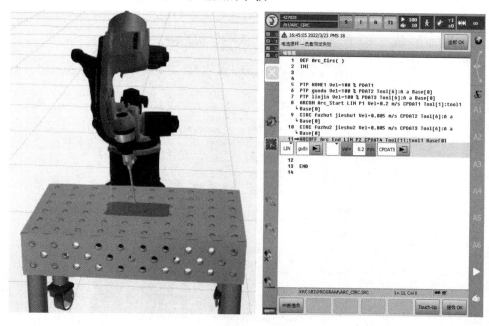

图4-71　创建作业规避点

（10）记录机器人 HOME 点。

① 将光标定位在 HOME 程序行，单击示教器左下角"更改"按钮，将点的名称修改为"HOME1"，如图 4-72 所示。

② 当出现对话框时，单击"否"按钮。（与机器人开始记录的原点 P1 是同一个点。）

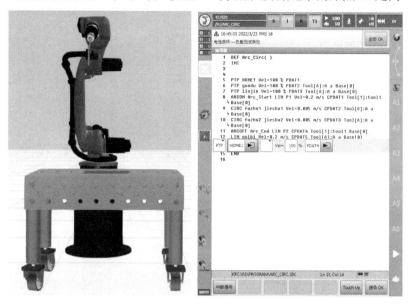

图 4-72　创建机器人 HOME 点

3. 测试程序

测试程序过程同任务二。

4. 设置焊机参数（设置福尼斯焊机参数）

设置焊机参数同任务二。

5. 起弧焊接

起弧焊接的操作过程同任务二。

6. 焊接效果

圆弧焊接效果如图 4-73 所示。

图 4-73　圆弧焊接效果

任务四 摆动示教编程

一、机器人摆动参数说明

在机器人焊接过程中，常需要通过摆动增加焊缝宽度，所以有时需要机器人摆动示教编程。

KUKA 机器人摆动焊的参数设置是在摆动开始点处设置的，通过单击摆动选项卡设置相应的参数，KUKA 机器人摆动选项卡如图 4-74 所示。

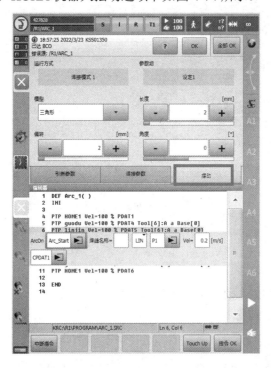

图 4-74　KUKA 机器人摆动选项卡

单击"摆动"选项卡，出现如图 4-75 所示的界面。KUKA 机器人摆动参数说明如表 4-9 所示。

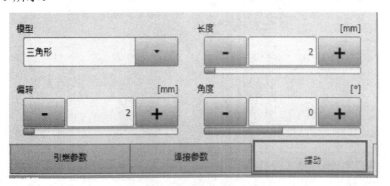

图 4-75　"摆动"选项卡界面

表 4-9　KUKA 机器人摆动参数说明

参 数 名 称	说　　　明
模型	选择摆动模型
偏转	只有选择了摆动模型时才可用，偏转为摆动模型的高度
长度	只有选择了摆动模型时才可用，摆动长度为 1 个波形；从模型起点到终点的轨迹长度
角度	只有选择了摆动模型时才可用，角度为摆动面的转角：−179.9°～+179.9°

预设的摆动模型有 4 个：三角形、梯形、不对称梯形和螺旋形，摆动模型如表 4-10 所示。

表 4-10　摆动模型

名　　称	摆 动 模 型
不摆动	
三角形	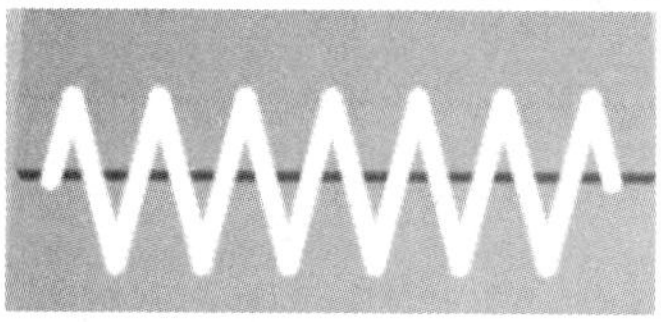
梯形	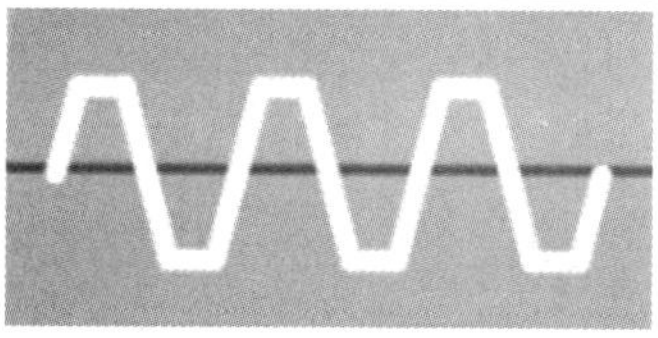
不对称梯形	
螺旋形	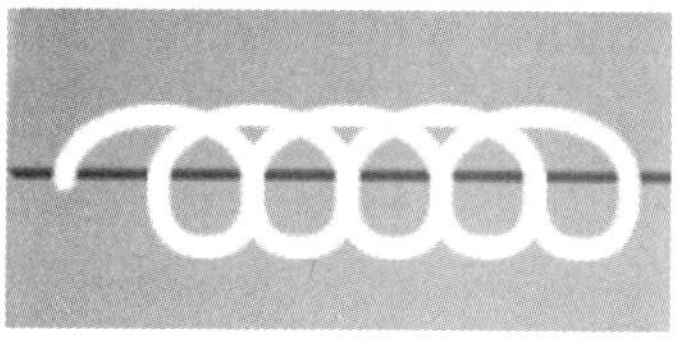

二、直线焊缝堆焊示教案例

图 4-76 所示为直线摆动堆焊焊缝，本案例与任务二的区别在于焊缝宽度增大，下面介绍 KUKA 机器人摆动示教编程的主要内容。

机器人直线摆动示教与直线非摆动示教相比虽然增加了摆动功能，但示教点是一样的，共需要 7 个示教点，即机器人 HOME 点、机器人过渡点、作业临近点、焊接开始点、焊接结束点、作业规避点、机器人 HOME 点。

图 4-76 直线摆动堆焊焊缝

三、实施步骤

实施步骤包括创建程序、添加轨迹点、测试程序、设置焊机参数、起弧焊接。

1. 创建程序

① 先选定建立程序的文件夹"Program"，然后切换到右侧文件列表，单击"新"按钮建立新程序，如图 4-77 所示。

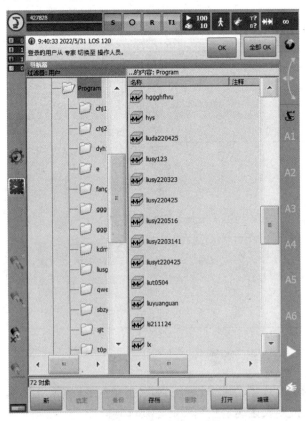

图 4-77 建立新程序

② 输入主程序名称"Arc_swing"，单击"OK"按钮确认，如图 4-78 所示。

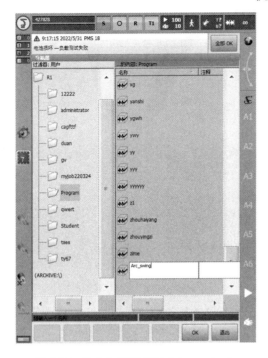

图 4-78　输入主程序名称"Arc_swing"

2. 添加轨迹点

添加轨迹点的方法与任务二中添加轨迹点的方法相同。

3. 设置摆动参数

设置摆动参数如图 4-79 所示。

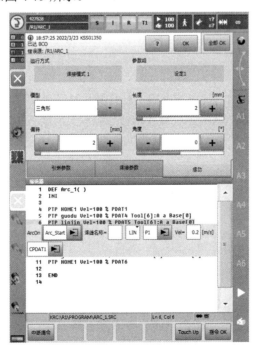

图 4-79　设置摆动参数

4. 摆动焊接效果

有无摆动的效果对比如图 4-80 所示。

（a）有摆动

（b）无摆动

图 4-80　有无摆动的效果对比

1+X 测评

一、填空题

1. 通常，在建立项目时，至少需要建立两个坐标系，即_____和_____。前者便于操作人员进行调试工作，后者便于机器人记录焊件的位置信息。

2. KUKA 机器人示教器一共有_____个确认开关。

3. KUKA 机器人摆动模型有_____、_____、_____、_____。

4. "Arc 开"指令中的引燃参数包含_____、_____、_____。

5. "Arc 关"指令中的参数包含_____、_____、_____。

6. KUKA 机器人的运行方式有_____、_____、_____。

二、判断题

1. KUKA 机器人程序模块由 SRC 源代码文件和 DAT 数据文件两部分组成。（　　　）

2. 对机器人运动进行示教编程需要知道机器人的位置，并指定运行方式。（　　　）

3. 机器人焊接轨迹中的作业临近点是必不可少的。（　　　）

4. 焊接机器人程序的验证应该是在 T1 模式下进行。（　　　）

5. 福尼斯焊机参数 "AL.1" 代表回烧修正参数。（　　　）

6. 焊接一个完整的圆弧至少需要 2 个 "CIRC"。（　　　）

【课程思政案例】

智能消毒机器人站好冬奥防疫岗，科技工作者背后的故事

没有防护服，没有护目镜，它是代替人类剿灭新冠病毒的勇敢无言的"消杀卫士"。锁定目标，挥臂前进，全方位消杀，下一个目标……在 2022 年北京冬奥会国家体育场的运动员更衣室门口，一个装有机械臂的智能消毒机器人，正熟练自主地对所有桌面依次进行深紫外线消杀。

"机器人的作用就是替代人操作深紫外线设备，在危险区域或潜在危险区域实施物体表面消毒或空气消毒，以减少交叉感染，保护人类健康。"中国自动化学会会员、中国科学院自动化研究所研究员赵晓光说。

与普通的消毒机器人不同，在面对复杂的物体表面时，这款智能消毒机器人不仅能自适应地识别物体的形状，还能自主规划消毒轨迹，实现高效、精准的消杀效果，更适合在无人操作的环境下工作。而这背后，正是基于紫外线芯片技术、多自由度机械臂技术、双目视觉识别技术及智能控制技术。

"机械臂智能消毒机器人手持的消毒设备可以产生 265~275nm 的深紫外线，仅需 3~5s 的照射，就能杀掉物体表面 90% 以上的细菌和病毒。"赵晓光说。

但这也对机器人的智能化程度提出了更高的要求。它不仅要有较高的自主感知能力，能精确识别目标物体是人还是物，还要有自主决策能力和自主执行能力，规划消杀位置，从哪里开始，到哪里结束，并自行完成整个消杀任务。

除了机械臂智能消毒机器人，赵晓光团队还将智能机器人与准分子消毒灯巧妙地结合在一起，共同助力北京冬奥会和冬残奥会的防疫工作。

准分子消毒灯在很多媒体报道中被称为"光疫苗"，它能发出波长为 222nm 的紫外线，对被照射的空气实现消毒，且不会对人体产生伤害。2020 年，这款消毒"黑科技"还随中国代表团出征东京奥运会。

当大家感慨准分子消毒灯的神奇功效时，赵晓光已经在思考如何让准分子消毒灯与智能机器人结合，实现更高效、更便捷、可流动式的消毒。"深紫外消毒设备其实是一种消毒工具，而机器人就是替代人类来使用工具，以保护人员安全、减轻劳动量。"赵晓光说。

为了尽快让智能消毒机器人"上岗"，她带领团队投入到争分夺秒的科研中。实际上，赵晓光团队所在的中国科学院自动化研究所复杂系统管理与控制国家重点实验室在智能机器人方面已有 30 多年的积累，而她自己在该领域也深耕了 20 多年。对他们而言，相较于技术上的难题，机器人设计工艺才是更大的挑战。

"那段时间，我们都放下了手上的其他工作，专心推敲机器人的细节设计，因为一旦到了加工环节再进行改动，就意味着要增加成本，所以很多细节我们必须反复推敲，最终定稿后，才联系工厂加工。"赵晓光回忆道。

虽然目前已经"上岗"的两种智能消毒机器人已经表现出了出色的工作能力，但有一点赵晓光还不是很满意，那就是它们的"颜值"。

"它们还不是很好看，没有那么萌。"赵晓光说，"如果完成功能设计后再考虑外观，就感觉怎么装都不对。应该在最初就将产品设计人员融合到团队里，让智能消毒机器人既实用又好看。"

赵晓光表示，下一步将继续改进智能消毒机器人的设计工艺，降低成本，尽快让智能消毒机器人走进人们日常生活。"我们希望智能机器人系统在各种应用场景中，实现从理论到实践的不断突破，最终使机器人越来越智能，帮助人类做更多的事。"

赵晓光等广大科技工作者在科研领域不断拼搏、奉献、创新和超越，用科技助力冬奥，为冬奥保驾护航。国际奥委会主席巴赫点赞北京冬奥会的防疫成果，称"这是一个非常了不起的成果。"

模块五

机器人焊接离线编程

【学习任务】

任务一　认识焊接离线编程
任务二　离线编程软件及使用
任务三　虚实结合的机器人焊接应用
1+X 测评

【学习目标】

1. 掌握离线编程的特点
2. 了解焊接离线编程系统的组成
3. 掌握离线编程软件 KUKA.Sim Pro 及使用

任务一　认识焊接离线编程

一、机器人离线编程

除了模块四介绍的在线示教编程，机器人还有离线编程方式。

在线示教编程操作简单，但是在线示教不但费时而且难以满足焊接精度的要求，此时可以借助离线编程软件完成对机器人的编程，因此离线编程也得到了广泛的应用。

离线编程是通过离线编程软件完成的，首先在计算机中构建出整个工作场景的 3D 虚拟环境，软件可以根据要加工零件的大小、形状，同时配合操作者的一些操作，自动生成机器人的运动轨迹，即控制指令，然后在软件中仿真与调整轨迹，同时离线编程软件能够消除干涉、碰撞等问题，最后

文档：认识工业机器人
　　　离线编程

将程序传输给机器人，驱动机器人完成相应的动作。由于离线编程不需要停机停产，故能够大大提高生产效率。离线编程能够在软件中模拟现场的工作状态，所以对机器人的空间布局、安装位置等前期选型也能起到一定的指导作用。

二、机器人离线编程的特点

机器人离线编程系统已被证明是一个有力的工具，可以提高生产安全性，减少机器人的停机时间，从而降低成本。

离线编程克服了示教编程的许多缺点，充分利用了计算机的功能，在离线环境下可以整体设计机器人的工作方案（见图 5-1），优化机器人搬运、焊接等顺序，验证机器人的可达性，也可以在离线环境中模拟复杂的工作单元，还可以改善生产线的生产流程，进行生产节拍的预测。

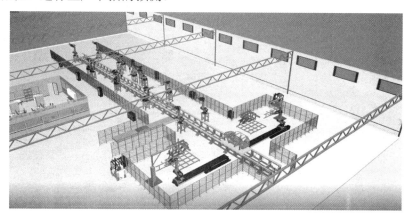

图 5-1　离线编程整体方案设计

与在线示教编程比较，离线编程具有以下优点。

1）节省时间

使用离线仿真软件可以通过虚拟方式快速、轻松地根据需求进行机器人整体方案的规划。尤其是对复杂曲面形状的工件来说，采用离线编程软件可以显著缩短生成机器人运动路径的时间。

2）远离危险的工作环境，降低安全风险

可以利用 CAD（计算机辅助设计）和 CAM（计算机辅助制造）信息，预先运行程序来模拟实际动作，从而降低出现危险的概率，降低风险。

3）方便修改机器人程序

无须手工编写机器人程序，在离线编程软件中可以自动生成完整的可实际用于机器人上的机器人程序。

4）可以检查机器人可达性

离线编程软件中可以导入各种类型的机器人和外部轴设备，导入的机器人具备和实际机器人一样的机械结构和控制软件，因此可以在离线编程系统中模拟机器人的各种运动、控制过程，还可以进行系统的布局设计、碰撞检测。

5）以精确的节拍事先规划解决方案

离线编程软件可以全程对生产过程的时间及周期进行准确测算。

离线编程软件及使用

一、机器人常见的离线编程软件

目前市面上有许多离线编程软件,如 ABB 集团开发的 RobotStudio 软件、FANUC 公司开发的 ROBOGUIDE 软件、YASKAWA 公司开发的 MotoSimEG-VRC 软件和 KUKA 公司开发的 KUKA.Sim Pro 软件等。

RobotStudio 是由 ABB 集团开发的,具有较全的 ABB 机器人库,所有机器人的参数均已经设置完成,用户直接调用即可,所以该软件能够针对 ABB 机器人便捷地完成仿真工作。RobotStudio 软件界面如图 5-2 所示。

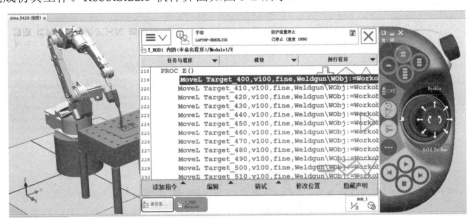

图 5-2　RobotStudio 软件界面

FANUC 机器人离线编程软件 ROBOGUIDE 的界面如图 5-3 所示,通过该软件用户可以创建离线程序和 3D 模拟机器人工作单元,以可视化方式实现对单个或多个机器人工作单元的布局,从而降低实际安装的风险。

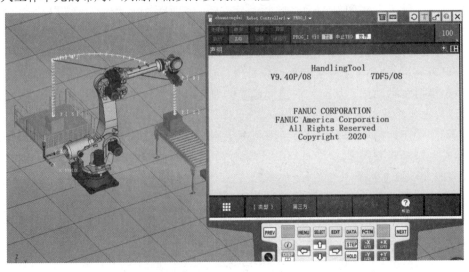

图 5-3　FANUC 机器人离线编程软件 ROBOGUIDE 的界面

KUKA 机器人离线编程软件 KUKA.Sim Pro 是一款技术含量十分高的仿真机器人程序编写工具，它拥有非常多的实用功能，可以在软件中编写各种机器人程序。KUKA.Sim Pro 提供了大量的 KUKA 机器人模型库，可以大大提高工作效率，提高产品的生产力和竞争力，KUKA.Sim Pro 软件界面如图 5-4 所示。

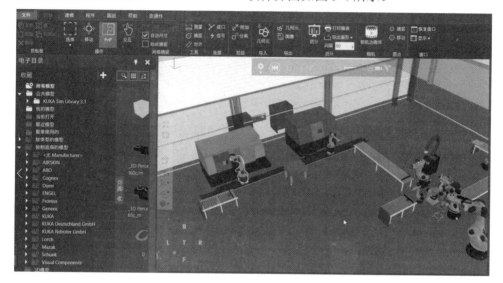

图 5-4　KUKA.Sim Pro 软件界面

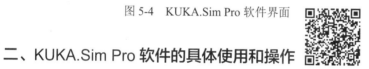

微课：SIMPro　　　文档：SIMPro
软件的基本操作　　软件的基本操作

二、KUKA.Sim Pro 软件的具体使用和操作

1. 简单操作机器人

① 选择"电子目录"→"公共模型"→"KUKA_ROBOTS"→"Low Payloads"→"KR CYBERTECH ARC nano"命令，选择型号为"KUKA KR 8 R1420 arc HW"的 KUKA 机器人，双击导入该机器人，导入 KUKA 机器人步骤如图 5-5 所示。

图 5-5　导入 KUKA 机器人步骤

② 单击选中该机器人,在页面右侧"组件属性"栏中可以看到机器人的坐标,如图5-6所示。

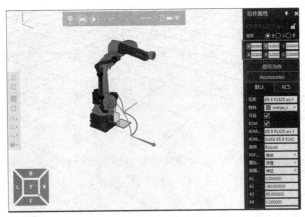

图5-6　查看机器人的坐标

滚动鼠标滚轮可以放大或缩小机器人,长按鼠标右键可以旋转机器人,同时按住鼠标左键和右键可以平移机器人。

③ 在"开始"菜单中选择"移动"命令,选中机器人,可按照指示方向的箭头移动机器人。垂直向外为 X 方向的正方向;向右为 Y 方向的正方向;向上为 Z 方向的正方向,移动机器人如图5-7所示。

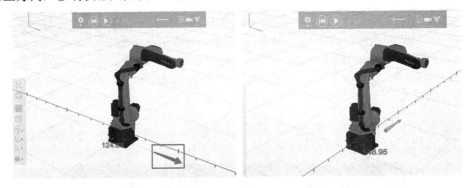

图5-7　移动机器人

④ 拖动中心(用鼠标左键长按圆圈),机器人就会整体移动,如图5-8所示。

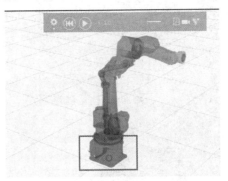

图5-8　整体移动机器人

⑤ 当鼠标停留在右侧坐标位置处时，"组件属性"栏会出现"重置"按钮（见图 5-9），单击该按钮，机器人会回到位置（0,0,0）。

图 5-9　重置机器人

⑥ 单击"开始"选项卡中的"交互"按钮，可以独立操作机器人的 A1～A6 轴，如图 5-10 所示。

图 5-10　操作机器人的 A1～A6 轴

⑦ 单击"重置"按钮，如图 5-11 所示，将退回机器人运行的初始状态。

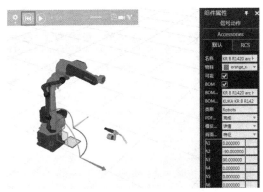

图 5-11　重置机器人

2. 导入弧焊焊枪 3D 模型并关联

① 选择"电子目录"→"公共模型"→"Miscellaneous"→"Applikations"→

"ArcWelding"→"MyArc"→"Torch"命令，在模型库中选择型号为"ed33_myarc_500"的焊枪，双击该焊枪，导入焊枪，导入焊枪步骤如图 5-12 所示。

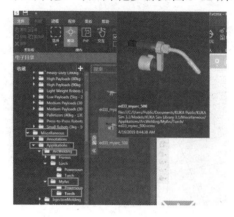

图 5-12　导入焊枪步骤

② 单击"开始"选项卡中的"移动"按钮，选中焊枪，可移动该焊枪，如图 5-13 所示。

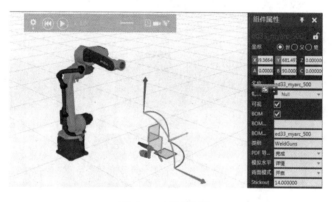

图 5-13　移动焊枪

③ 切换到左下角"单元组件类别"模块，勾选"显示隐藏组件"复选框可以将某一模型隐藏或者显示，如图 5-14 所示。

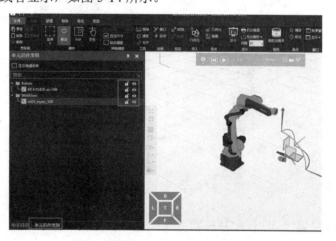

图 5-14　隐藏或显示模型

④ 单击"开始"选项卡中的"PnP"按钮，拖动焊枪至机器人六轴法兰盘处，可将弧焊焊枪安装在机器人六轴法兰的中心位置，执行"PnP"命令如图 5-15 所示。

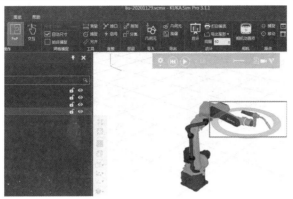

图 5-15　执行"PnP"命令

⑤ 选中机器人，单击"开始"选项卡中的"交互"按钮，可以验证其关联性。若要解除关联，则选中焊枪，再次单击"PnP"按钮即可。

⑥ 单击左下角"视图切换"按钮，可以从不同的角度观察机器人模型，从不同视角观察机器人的示意图如图 5-16 所示。

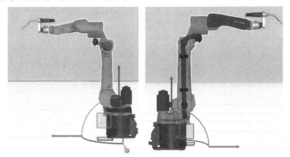

图 5-16　从不同视角观察机器人的示意图

3. 导入工件并创建机器人程序

① 选择"电子目录"→"公共模型"→"Miscellaneous"命令，在该库中选择"Block"工件，双击导入该工件。选中该工件，可以在右侧"组件属性"栏中修改工件尺寸，将"Block"工件的尺寸修改为"400×400×700"，位置为"（1200,0,0）"，如图 5-17 所示。

图 5-17　导入一个工件示意图

② 图 5-18 所示为执行"程序"→"点动"命令，此时默认是六轴法兰盘的坐标。

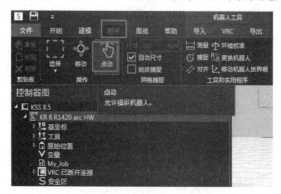

图 5-18 执行"程序"→"点动"命令

③ 单击"工具"下拉列表右侧的"⚙"图标如图 5-19 所示。

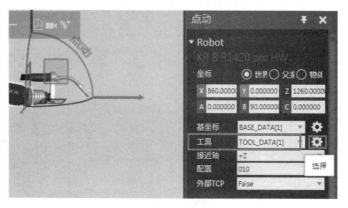

图 5-19 单击"工具"下拉列表右侧的"⚙"图标

④ 单击"捕捉"按钮，"模式"选区选择"1 点"单选按钮，单击"对齐轴"下拉列表选择"+X"选项，捕捉焊丝末端如图 5-20 所示。

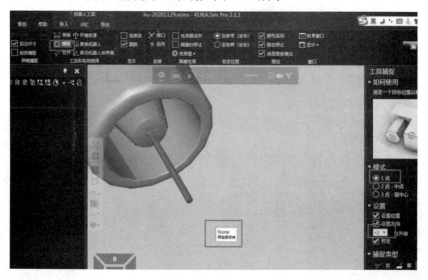

图 5-20 捕捉焊丝末端

⑤ 可以看到，工具坐标系已经建立在捕捉的焊丝末端了，如图 5-21 所示。

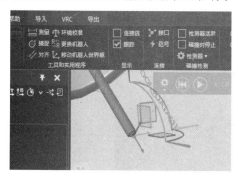

图 5-21　工具坐标系创建完成

⑥ 单击"捕捉"按钮，捕捉工件第一个点如图 5-22 所示，"模式"选区选择"1点"单选按钮，单击"接近轴"下拉列表选择"+X"选项。

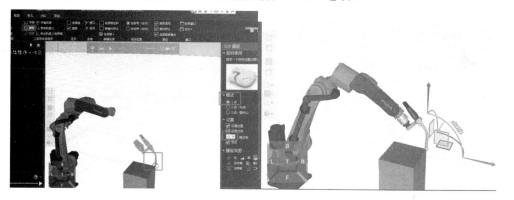

图 5-22　捕捉工件第一个点

⑦ 选择"作业图"→"添加 PTP 命令"命令，记录该点的位置，添加 PTP 命令如图 5-23 所示。

图 5-23　添加 PTP 命令

⑧ 继续单击"捕捉"按钮，捕捉工件的剩余边界，并创建机器人程序。完成方形工件焊接路径程序的编程如图 5-24 所示。

4．创建圆弧轨迹

① 选择"电子目录"→"公共模型"→"Miscellaneous"命令，在该库中选择"Cylinder"工件，双击导入该工件，选中该工件。可以在右侧"组件属性"栏中修改工件尺寸，更改尺寸为"300×600"，添加一个圆柱体如图 5-25 所示。

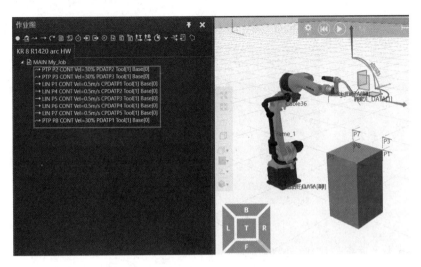

图 5-24　完成方形工件焊接路径程序的编程

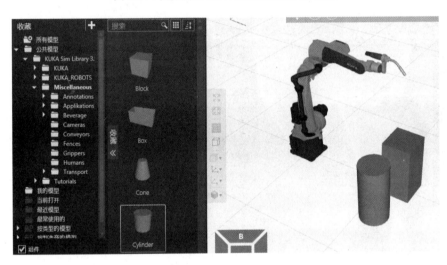

图 5-25　添加一个圆柱体

② 选择"程序"→"点动"→"捕捉"命令，捕捉圆弧上一点，添加"PTP"指令，记录该点的位置，添加圆弧第一点如图 5-26 所示。

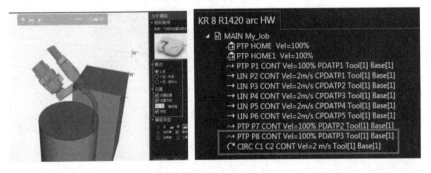

图 5-26　添加圆弧第一点

③ 选择"程序"→"点动"→"捕捉"命令，继续捕捉圆弧上的点，将其修改为辅助点，如图 5-27 所示。

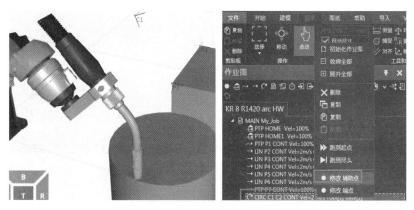

图 5-27　修改圆弧辅助点

④ 选择"程序"→"点动"→"捕捉"命令，先捕捉圆弧结束点，再修改端点，如图 5-28 所示。

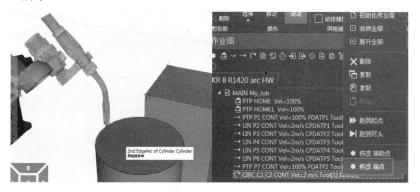

图 5-28　修改圆弧结束点

5. 添加子程序

① 选择"作业图"→"添加子程序"命令，将程序选中，拖至"SUB MyRoutine"子程序下，如图 5-29 所示。

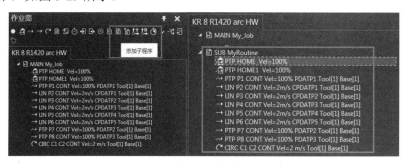

图 5-29　添加子程序

② 选择"作业图"→"添加调用子程序命令"命令，在"动作属性"页面中选择"Routine"→"MyRoutine"命令，调用子程序如图 5-30 所示。

6. 添加 PATH 命令

① 选择"作业图"→"添加 PATH 命令"命令，如图 5-31 所示。

微课：PATH 指令添加

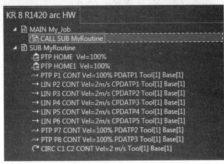

图 5-30　调用子程序

图 5-31　选择 PATH 命令

② 选择"PATH"选项，在"动作属性"栏中单击"选择曲线"按钮，如图 5-32 所示，选中对应的曲线如图 5-33 所示。

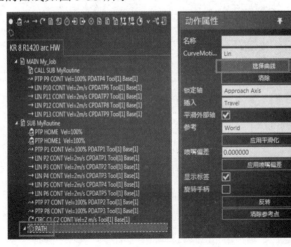

图 5-32　选择曲线

图 5-33　选中对应的曲线

③ 单击"生成"按钮，自动生成路径程序如图 5-34 所示。可以单独修改点的姿态。

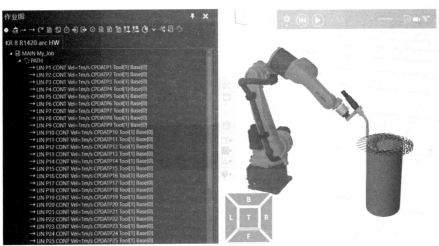

图 5-34　自动生成路径程序

7. 导出程序

① 选择"导出"→"生成代码"命令，如图 5-35 所示。

图 5-35　导出代码程序

② 当出现如图 5-36 所示的对话框时，单击"全部是"按钮。

图 5-36 单击"全部是"按钮

③ 在计算机中找到文件后缀名为".src"的文件并以".txt"格式打开，在程序中找到"SET_CD_PARAMS (0)"这一行，把"SET_CD_PARAMS (0)"替换为空格，单击"全部替换(A)"按钮，修改程序如图 5-37 所示。完成以上操作后保存并关闭文档。

图 5-37 修改程序

④ 先将修改好的.src 文件和.dat 文件一起复制到 U 盘上，再将文件复制并粘贴到示教器的"R1-Program"文件夹下，就可以运行程序了。

任务三 虚实结合的机器人焊接应用

一、案例简介

利用 KUKA.Sim Pro 仿真软件生成离线程序，导出程序并将其导入到实际机器人中，焊接一个"人"字，"人"字焊接案例如图 5-38 所示。

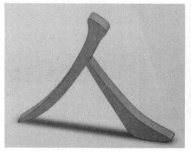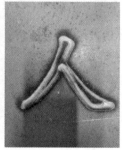

图 5-38 "人"字焊接案例

二、具体操作

1. 利用 SolidWorks 软件建立 3D 模型

① 选择"草图"→"文字"命令，新建绘制文字如图 5-39 所示。

② 在"文字"文本框中输入"人"，单击下方"字体(F)"按钮选择字体，如图 5-40 所示。

图 5-39　新建绘制文字　　　　　　　　图 5-40　选择字体

③ 弹出"选择字体"对话框后，字体设置如图 5-41 所示。

图 5-41　字体设置

④ 选择"特征"→"拉伸凸台/基体"命令，将"给定深度"调至"10.00mm"，将字体拉伸 10mm 效果如图 5-42 所示。

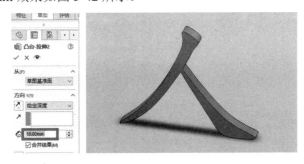

图 5-42　将字体拉伸 10mm 效果

2. 将三维模型导入 KUKA.Sim Pro 软件

① 选择"建模"→"几何元导入"命令，导入模型如图 5-43 所示，将步骤 1 中建立的 3D 模型导入 KUKA.Sim Pro 软件。

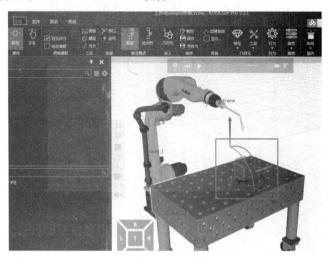

图 5-43　导入模型

② 选择"开始"→"捕捉"命令，将"人"字摆放在桌子的中间位置，放置模型如图 5-44 所示。

图 5-44　放置模型

3. 创建机器人工具坐标系

① 选择"程序"→"点动"命令，准备创建工具坐标系，如图 5-45 所示，此时默认是六轴法兰盘的坐标。

② 单击"工具"下拉列表，选择"TOOL_DATA[1]"选项，单击"工具"下拉列表右侧的"⚙"图标，设置工具坐标系如图 5-46 所示。

③ 单击"捕捉"按钮，"模式"选区选择"1 点"单选按钮，单击"对齐轴"下拉列表选择"+X"选项，捕捉焊丝尖端如图 5-47 所示。可以看到，工具坐标系已经建立在捕捉的焊丝末端了，创建工具坐标系如图 5-48 所示。

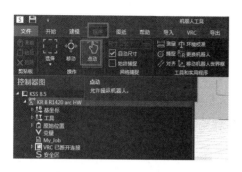

图 5-45　创建工具坐标系

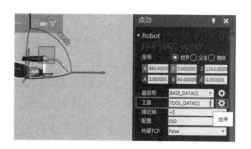

图 5-46　设置工具坐标系

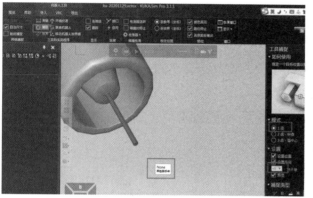

图 5-47　捕捉焊丝尖端

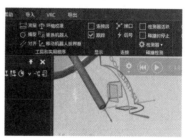

图 5-48　创建工具坐标系

4．创建基坐标系

① 单击"基坐标"下拉列表选择"BASE_DATA[1]"选项，单击"基坐标"下拉列表右侧的"⚙"图标，选择基坐标系如图 5-49 所示。

② 单击"捕捉"按钮，将其捕捉到桌子的左上角处，创建基坐标系如图 5-50 所示。

图 5-49　选择基坐标系

图 5-50　创建基坐标系

5．建立轨迹程序

① 选择"程序"→"作业图"→"添加 PATH 命令"命令，添加"PATH"指令如图 5-51 所示。

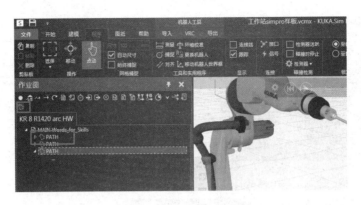

图 5-51　添加"PATH"指令

② 选择"lin+Circ"→"选择曲线"命令，如图 5-52（a）所示，按图 5-52（b）所示的界面设置参数，并选择正确的 X 方向。

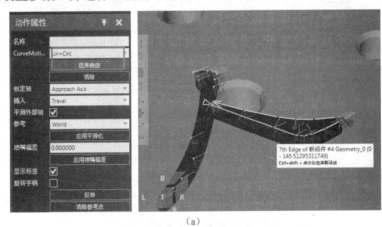

（a）

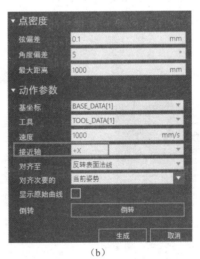

（b）

图 5-52　选择曲线并设置参数

③ 单击"生成"按钮，生成 PATH 路径程序如图 5-53 所示，检查有无重复轨迹。

图 5-53　生成 PATH 路径程序

6. 导出代码

① 选择"导出"→"生成代码"命令，导出程序如图 5-54 所示。

图 5-54　导出程序

② 在计算机中找到文件后缀名为".src"的文件并以".txt"格式打开，在程序中找到"SET_CD_PARAMS (0)"这一行，把"SET_CD_PARAMS (0)"替换为空格，单击"全部替换(A)"按钮，修改程序如图 5-55 所示。完成以上操作后保存并关闭文档。

图 5-55　修改程序

③ 将修改好的.src 文件和.dat 文件一起复制到 U 盘上，将文件复制并粘贴到示教器的"R1-Program"文件夹下，就可以运行程序了。

7. 实际工作站焊接

① KUKA.Sim Pro 软件中的基坐标和 TCP 的数值与实际情况不匹配，需要将数值改成一致的，这里都选用 10 号工具和 10 号基坐标系，设置实际现场坐标系如图 5-56所示。

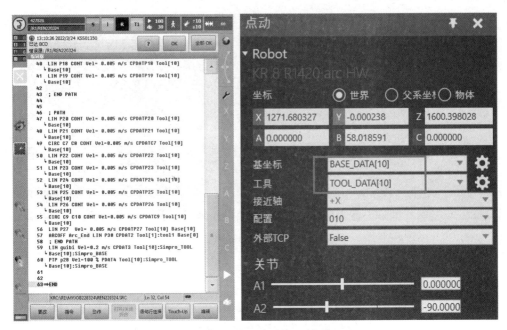

图 5-56　设置实际现场坐标系

② 在第一段曲线起点处添加起弧指令，将光标移至对应行，选择"指令"→"ArcTech"→"ARC 开"命令，添加指令"Arc 开"，修改点的名称为"Arc_Start"，单击示教界面右下角"指令 OK"按钮，完成机器人焊接开始点的示教，如图 5-57 所示。

图 5-57　在第一段曲线起点处添加起弧指令

③ 设置弧焊焊接参数如图 5-58 所示。设置方法与模块四相同。

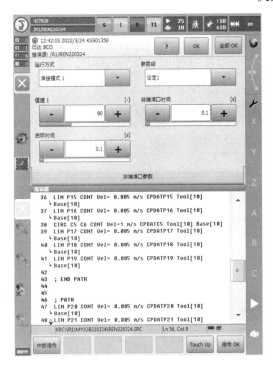

图 5-58　设置弧焊焊接参数

④ 添加收弧指令，将光标移至对应行，选择"指令"→"ArcTech"→"ARC 关"命令，添加指令"Arc 关"，修改点的名称为"Arc_End"，单击示教界面右下角"指令 OK"按钮，完成机器人焊接结束点的示教，并设置收弧参数，如图 5-59 所示。

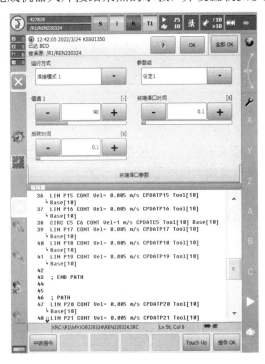

图 5-59　添加收弧指令

⑤ 将机器人的焊接速度设置为5mm/s，非焊接轨迹的速度不要太快，这里PTP设置为30%，LIN设置为0.2m/s，如图5-60所示。

⑥ 将机器人实际焊接电流设置为120A，调用JOB号为90号。

⑦ 机器人实际焊接效果如图5-61所示。

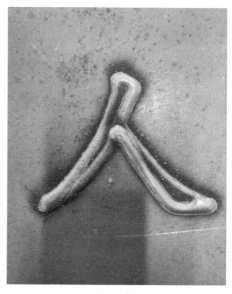

图5-60　设置焊接速度 　　　　　　　　图5-61　机器人实际焊接效果

1+X 测评

一、填空题

1. 常见的机器人离线编程软件有_____、_____、_____、_____。

2. 单击"开始"选项卡中的_____按钮，直接拖动焊枪到机器人六轴法兰盘处，即可将弧焊焊枪安装在机器人六轴法兰的中心位置。

3. 生成自动路径的机器人轨迹需要用的是_____指令。

4. KUKA.Sim Pro仿真软件中最多可以建立_____个工具坐标系。

5. KUKA.Sim Pro仿真软件中最多可以建立_____个基坐标系。

二、判断题

1. 单击"重置"按钮，可以将机器人退回其运行的初始状态。（　　）

2. 实际焊接时，KUKA.Sim Pro软件中的基坐标和TCP的数值必须要与实际相匹配。（　　）

3. 离线编程软件能够模拟仿真现场实际情况，首先在软件中生成机器人控制程序，并能够进行3D模拟仿真，消除干涉、碰撞等问题，然后将程序传输给机器人，驱动机器人完成相应的动作。（　　）

4. 离线编程软件可以利用 CAD 和 CAM 信息，预先运行程序来模拟实际动作，从而不会出现危险，降低风险。（　　　）

5. 在 KUKA.Sim Pro 软件中移动机器人时，垂直向外箭头方向为 Y 方向的正方向，向右为 X 方向的正方向。（　　　）

【课程思政案例】

院士牵头成功研发全球首款脊柱微创手术机器人

2022 年 3 月，由中国工程院院士邱贵兴牵头研发、苏州铸正机器人有限公司申报的"脊柱外科手术导航定位设备"正式获得国家药监局三类医疗器械证书，成为全球首款采用直观图像定位技术、唯一可以在局部麻醉情况下开展手术的脊柱微创手术机器人。

众所周知，骨科临床医生通常需要长时间的技能培养和经验积累才有足够的能力完成手术。尤其是脊柱外科的手术，由于细小的差错就会带来灾难性的后果，因此更需要确保医生操作的精确性。例如，在椎弓根螺钉植入的过程中，必须保证螺钉的置入通道一直在椎弓根内部。即使经验丰富的医生，在长时间的手术过程中也无法避免会出现肌肉疲劳，这就导致了医生在使用尖锥和开路器钻取置入通道时可能发生手部抖动，甚至引起尖锥或开路器滑移。

如何有效减少手术时间？如何尽可能提高螺钉置入通道的安全性和精确性？这一直是骨科手术机器人研究难以攻克的课题。

此前，只有 3 家公司的脊柱微创手术机器人获准在国内上市销售，其中一家为进口产品，两家为国产产品。这 3 款产品均采用虚拟导航技术，价格昂贵，并且需要全身麻醉。

此次研发的"脊柱外科手术导航定位设备"是国家 863 计划研究成果。该项目由中国工程院院士邱贵兴牵头，首创了直观图像定位技术，通过无框架立体定向技术和影像融合，促成了全球首款可以进行局部麻醉手术的脊柱手术机器人的诞生。经中国医学科学院北京协和医院、中国人民解放军总医院、苏州大学附属第一医院等三甲医院临床验证，该机器人具有易学易用、适应性强、安全性高、临床获益高、患者恢复快等优势。

脊柱微创手术机器人获批上市后，将有效解决手术时间长、手术成本高等问题，提高手术的安全性和疗效，实现手术均质化。

模块六

机器人焊接技能与技法

【学习任务】

任务一　机器人薄板对接焊

任务二　机器人中厚板对接焊

任务三　机器人 T 形接头平角焊

任务四　机器人管板垂直固定俯位焊

1+X 测评

【学习目标】

1. 掌握机器人薄板对接焊的操作与编程方法
2. 掌握机器人中厚板对接焊的操作与编程方法
3. 掌握机器人 T 形接头平角焊的操作与编程方法
4. 掌握机器人管板垂直固定俯位焊的操作与编程方法

任务一　机器人薄板对接焊

1. 薄板的焊接特点

薄板按生产工艺可分为热轧薄板和冷轧薄板，薄板对接平焊大量应用于汽车及零部件、电器设备、容器、钢制家具等众多领域。

大量的薄板焊接实验表明：烧穿是焊接时的主要问题之一，它的产生与熔池受力密切相关。重力和电弧吹力是促使熔池下塌或使之烧穿的力，而表面张力则是阻止熔池下塌或烧穿的力。如果 $F_重$、$F_{电弧}$、$F_表$ 三者的合力大于熔池的强度，液体金属就会被拉断从而出现烧穿。为使薄板焊缝不被烧穿，应提高熔池的表面张力 $F_表$，降低其他力的作用，即减少由于热量累积从而造成的熔池中金属量增多，尽量减小焊接电流和减少热输入。

薄板焊接的另一个主要问题是焊接变形。焊接过程是一个局部加热和冷却的过程，在焊接热的作用下，材料受到不均匀的加热和冷却，会产生不均匀的应力分布，造成不同程度的焊接变形。

2. 机器人薄板对接焊所用的材料

薄板焊件的结构和尺寸如图 6-1 所示，尺寸为 50mm×300mm×4mm，材料为 Q235 钢板。接头形式为对接 I 形坡口，焊接位置为水平位置焊接。

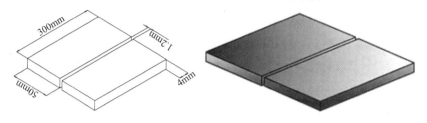

图 6-1　薄板焊件的结构和尺寸

薄板对接焊通常采用 80%Ar+20%CO_2 的混合气体作为保护气体，使用 ϕ1.2mm 的 G49A3C1S6(ER50-6)焊丝，通过在线示教编程操作机器人完成焊接作业。当焊缝处于水平位置时，熔滴主要靠自重过渡，操作比较容易，应用较为普遍。

3. 焊件装配与定位焊

焊件为平对接时，因焊接过程中焊缝会逐渐收缩，易引起焊接缺陷，故可考虑令后焊间隙比先焊间隙大 0.5～1mm。

采用如图 6-2 所示的装焊卡具将两块钢板装配成 I 形坡口的对接接头，装配间隙始焊端为 1.0mm，终焊端为 2.0mm。在焊缝的始焊端和终焊端 10mm 范围内，进行定位焊，定位焊的长度为 3～5mm。在定位焊时，选用型号为 G49A3C1S6 (ER50-6)、直径为 1.0mm 的焊丝，可采用焊接机器人进行定位焊。

图 6-2　薄板对接焊定位焊及夹具

4. 机器人示教编程

根据平对接焊件的结构特点，规划焊接机器人所需的运动轨迹，进而确定机器人的示教轨迹和示教点，示教运动轨迹一般包括原点、前进点（进枪点）或规避点（退枪点）、焊接开始点和焊接结束点、焊枪姿态等。薄板对接焊的示教运动轨迹主要由编号为①～⑥的 6 个示教点组成，薄板对接焊的示教运动轨迹如图 6-3 所示。

①点、⑥点为原点（或待机位置点），其应处于与焊件、夹具互不干涉的位置，焊枪角度一般为 45°（相对于 X 轴），机器人原点位置如图 6-4 所示。

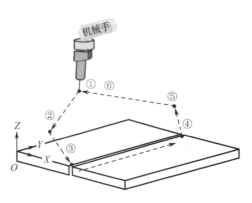

图 6-3　薄板对接焊的示教运动轨迹 　　　　　图 6-4　机器人原点位置

③点、④点为焊接开始点和焊接结束点，焊枪姿态为平行于焊缝法线且与待焊方向成一夹角（95°～100°），机器人焊接位置与焊枪姿态如图 6-5 所示。

图 6-5　机器人焊接位置及焊枪姿态

②点（进枪点）、⑤点（退枪点）为过渡点，也要处于与焊件、夹具互不干涉的位置，焊枪角度任意，机器人过渡点位置如图 6-6 所示。

图 6-6　机器人过渡点位置

按照薄板对接焊的示教运动轨迹进行示教编程后，在机器人示教器主窗口中将生成示教程序，KUKA 机器人示教程序如图 6-7 所示。

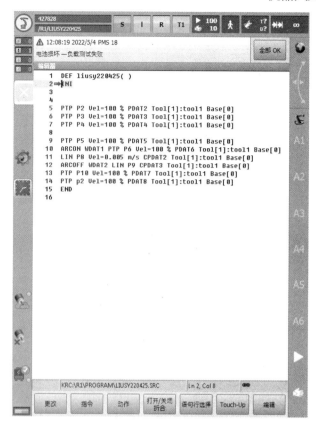

微课：机器人薄
板对接焊轨迹

图 6-7 KUKA 机器人示教程序

操作人员对示教程序进行再现操作，仔细观察机器人是否准确再现了示教轨迹和运动模式，如发现示教不理想，应及时修改程序。

5. 机器人焊接

1）机器人薄板对接焊的焊接工艺与编程要点

① 焊件属平板焊接，其接头形式为Ⅰ形坡口对接，焊接位置为水平位置焊接，采用机器人气体保护焊易施焊，操作简单。

② 施焊前将焊件坡口两端清理干净。

③ 在单面焊双面成型编程时，要根据焊件板厚、坡口间隙考虑焊缝的熔合性、焊透性、双面焊缝的均匀性及坡口间隙的收缩变形，设定合适的焊枪角度和焊接参数。

④ 在起焊处编程时，要考虑焊缝的熔合性、焊透性、焊缝宽窄和高低的均匀性，设定焊接参数时应适当增加焊接电流、焊接电压及控制引弧停留时间。

⑤ 收弧处易产生弧坑及焊穿缺陷，编程中设定焊接参数时应适当减小焊接电流、焊接电压及控制收弧停留时间。

⑥ 机器人焊接方式采用直线行走焊接即可。

2）焊缝质量要求

焊缝外观质量要求如表 6-1 所示。

表6-1　焊缝外观质量要求

检查项目	标　准　值	检查项目	标　准　值
焊缝余高	0～2mm	焊缝高低差	0～1mm
焊缝宽度	4～6mm	错边量	0～1mm
焊缝宽窄差	0～1mm	角变形	0°～3°
咬边	深度≤0.5mm，长度≤15mm	焊缝外观成形	焊缝成形良好

3）焊接参数设置

焊接参数设置包括焊接层数、焊接电流、焊接电压、焊接速度、运枪方式、焊丝干伸长度、气体流量的设置。薄板对接焊的焊接参数如表6-2所示。

表6-2　薄板对接焊的焊接参数

焊接层数	焊接电流/A	焊接电压/V	焊接速度/(mm/min)	运枪方式	焊丝干伸长度/mm	气体流量/(L/min)
单层焊	120	18（一元化模式）	300	直线	15	15

4）焊接设备选择

机器人型号选择 KUKA 机器人 KR16；焊接电源选择 Fronius-TPS4000 焊机。

5）焊接

焊接机器人工作站如图6-8所示，薄板对接焊的焊接效果如图6-9所示。

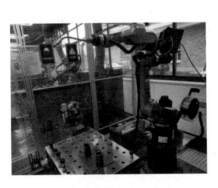

图6-8 焊接机器人工作站

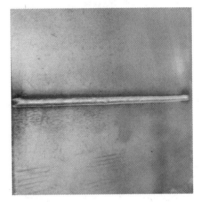

图6-9　薄板对接焊的焊接效果

任务二　机器人中厚板对接焊

微课：机器人薄板对接焊

1. 中厚板的焊接特点

中厚板是厚度在 4mm 以上钢板的统称，在实际工作中，常将厚度为 4～20mm 的钢板称为中板，厚度为 20～60mm 的钢板称为厚板，中厚板按用途又分为造船钢板、桥梁钢板、锅炉钢板、高压容器钢板、花纹钢板、汽车钢板、装甲钢板及复合钢板等。

中厚板在焊接时由于要填充焊材导致熔敷金属量大，焊接时间长，热输入高，焊件施焊时焊缝拘束度高，焊接残余应力大，焊后变形大。

中厚板焊接时，为了达到一定的焊缝尺寸要求，通常需要焊接多层焊缝。在机器人焊接中，通常采用各层焊缝手动编程的多层焊方式。

2. 机器人中厚板对接焊所用的材料

中厚板平对接焊件的结构和尺寸如图 6-10 所示。焊件材料为两块 Q235 钢板，尺寸为 125mm×300mm×12mm；接头形式为对接 V 形坡口；焊接位置为水平位置焊接。

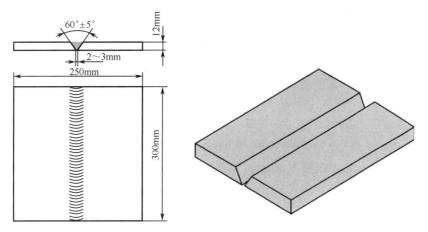

图 6-10　中厚板平对接焊件的结构和尺寸

中厚板平对接焊一般采用 80%Ar+20%CO_2 的混合气体作为保护气体，使用 ϕ1.2mm 的 G49A3C1S6 (ER50-6)焊丝，通过在线示教编程操作机器人完成焊接作业。

3. 焊件装配与定位焊

中厚板在焊接时会出现角变形，因此装配时可使用反变形量 2°～3°，焊件两端定位焊长度约为 10mm，中厚板的装配与定位焊如图 6-11 所示。

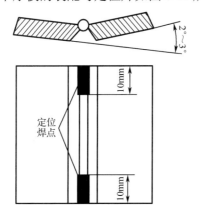

图 6-11　中厚板的装配与定位焊

4. 机器人示教编程

焊件厚度为 12mm，选用多层单道焊。采用多层单道直线摆动示教编程和焊接，多层单道直线摆动运动轨迹如图 6-12 所示。

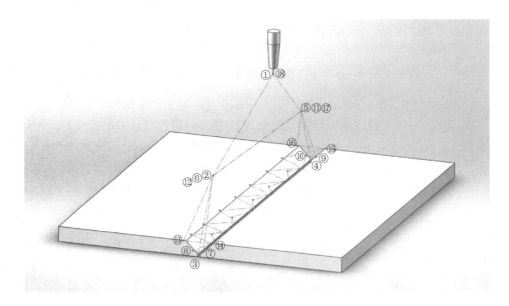

图 6-12　多层单道直线摆动运动轨迹

①点、⑱点为机器人原点（或待机位置点），其应处于与焊件、夹具互不干涉的位置，焊枪角度一般为 45°（相对于 X 轴）。机器人原点位置及焊枪姿态如图 6-13 所示。

②点、⑤点、⑥点、⑪点、⑫点、⑰点为过渡点（前进点或规避点），要处于与焊件、夹具互不干涉的位置，焊枪角度任意。机器人过渡点位置如图 6-14 所示。

图 6-13　机器人原点位置及焊枪姿态　　　　图 6-14　机器人过渡点位置

③点、④点为打底焊的起始点和结束点，焊枪姿态为平行于焊缝法线且与待焊方向成一夹角（95°～100°）。

⑦点、⑧点、⑨点、⑩点为填充焊的摆动振幅点，⑬点、⑭点、⑮点、⑯点为盖面焊的摆动振幅点，要根据焊道的宽度设定焊接位置，焊枪姿态和焊枪角度应与焊接点一致。机器人摆动振幅位置如图 6-15 所示。

③点为焊接开始点，⑦点和⑧点的中间位置确定一个开始点，⑬点和⑭点的中间位置确定一个开始点。④点、⑩点、⑯点为焊接结束点，焊枪姿态与两焊件垂直，与待焊方向成 100°～110°夹角。机器人焊接开始点位置如图 6-16 所示，机器人焊接中间点位置如图 6-17 所示，机器人焊接结束点位置如图 6-18 所示。

图 6-15　机器人摆动振幅位置

微课：机器人中
厚板对接焊轨迹

图 6-16　机器人焊接开始点位置

图 6-17　机器人焊接中间点位置

图 6-18　机器人焊接结束点位置

5．机器人焊接

1）焊缝质量要求

焊缝质量包括外观质量和内部质量，焊缝外观质量要求如表 6-3 所示，焊缝内部质量 RT 二级以上为合格。

表 6-3　焊缝外观质量要求

检 查 项 目	标 准 值	检 查 项 目	标 准 值
焊缝余高	0～2mm	未焊透	无
焊缝高低差	0～1mm	背面焊缝凹陷	深度≤0.5mm，长度≤15mm
焊缝宽度	17～20mm	错边量	0～1mm
焊缝宽窄差	0～1mm	角变形	0°～3°
咬边	深度≤0.5mm，长度≤15mm	焊缝外观成形	焊缝成形良好

2）焊接参数设置

焊接参数设置包括焊接层数、焊接电流、焊接电压、焊接速度、运枪方式、焊丝干伸长度、气体流量的设置。中厚板对接焊的焊接参数如表 6-4 所示。

表 6-4　中厚板对接焊的焊接参数

焊接层数	焊接电流/A	焊接电压/V	焊接速度/(mm/min)	运枪方式	焊丝干伸长度/mm	气体流量/(L/min)
第一层	90	一元化模式	100	三角形	15	15
第二层	120	一元化模式	100	三角形	15	15
第三层	120	一元化模式	100	三角形	15	15

3）焊接设备选择

机器人型号选择 KUKA 机器人 KR16；焊接电源选择 Fronius-TPS4000 焊机。

4）焊接

中厚板对接焊的焊接效果如图 6-19 所示。

图 6-19　中厚板对接焊的焊接效果

任务三　机器人 T 形接头平角焊

1．平角焊的焊接特点

平角焊主要是指 T 形接头和搭接接头的平焊。平角焊时，焊枪与两板之间的夹角呈 45°左右，与焊接方向的夹角呈 65°～80°。在焊接结构中，多采用 T 形接头，如图 6-20（a）所示。搭接头使用较少，两者操作技能类似。

焊缝金属横截面中所能画出最大的等腰三角形的直角边，称为焊脚尺寸，如图 6-20（b）所示。焊脚尺寸应符合技术要求，以保证焊接接头的强度。焊脚尺寸一般随焊件厚度的增大而增大。

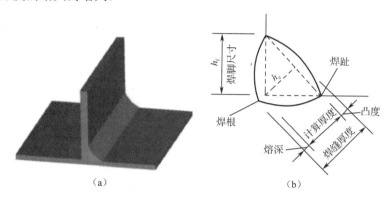

图 6-20 T 形接头及焊脚尺寸

焊脚尺寸与钢板厚度的关系如表 6-5 所示。

表 6-5 焊脚尺寸与钢板厚度的关系

钢板厚度/mm	2～3	3～6	6～9	9~12	12～16	16～23
最小焊脚尺寸/mm	2	3	4	5	6	8

平角焊时，焊脚尺寸决定于焊接层数和焊道数量。一般来说，当焊脚尺寸在 5mm 以下时，多采用单层焊；当焊脚尺寸在 6～10mm 时，采用多层焊；当焊脚尺寸大于 10mm 时，采用多层多道焊。不同厚度的钢板组装的角焊缝在平角焊时，要相应地调整焊丝角度，电弧要偏向厚板一侧，使厚板所受的热量增加，通过焊丝角度的调节使厚薄两板受热均匀，以保证接头良好的熔合。

2．机器人 T 形接头平角焊所用的材料

T 形接头的结构和尺寸如图 6-21 所示。焊件材料为 Q235 钢板，尺寸为 50mm×300mm×4mm。接头形式为 T 形接头，焊接位置为平角焊。

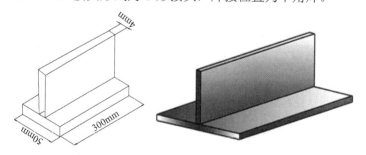

图 6-21 T 形接头的结构和尺寸

采用 80%Ar+20%CO_2 的混合气体作为保护气体，使用 ϕ1.2mm 的 G49A3C1S6 (ER50-6)焊丝，通过在线示教编程操作机器人完成焊接作业。

3．焊件装配与定位焊

首先将焊件装配成 T 形接头，立板垂直于水平板，由于横板两侧均需要焊接，且薄板结构容易烧穿，因此装配时立板与横板之间不留间隙，定位焊的位置应该在焊件两端的前后对称处，装配完毕后应该校正焊件的垂直度，保证立板垂直，并且清理干净接口周围 30mm 内的锈、油污等污物。

从横板两侧进行定位焊，定位焊长度为 3～5mm。在进行定位焊时，选用型号为 G49A3C1S6 (ER50-6)、直径为 1.0mm 的焊丝，可采用焊接机器人进行定位焊，焊件装配与定位焊如图 6-22 所示。

（a）焊件装配　　　　　　　　　　　　（b）定位焊

图 6-22　焊件装配与定位焊

4．机器人示教编程

薄板 T 形接头平角焊的示教运动轨迹如图 6-23 所示，主要由编号为①～⑦的 7 个示教点组成。

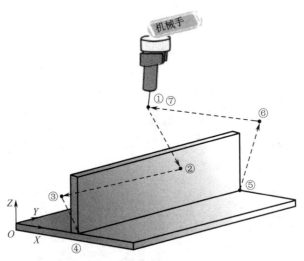

图 6-23　薄板 T 形接头平角焊的示教运动轨迹

①点、⑦点为原点（或待机位置点），应处于与焊件、夹具互不干涉的位置，焊枪角度一般为 45°（相对于 X 轴）。

④点、⑤点为焊接开始点和焊接结束点，焊枪姿态为平行于焊缝法线且与待焊方向成一夹角（95°～100°），焊接开始点和焊接结束点如图 6-24 所示。

图 6-24　焊接开始点和焊接结束点

②点（过渡点）、③点（进枪点）、⑥点（退枪点）也要处于与焊件、夹具互不干涉的位置，焊枪角度任意，进枪点和退枪点及焊枪姿态如图 6-25 所示。

微课：机器人 T 形
接头平角焊轨迹

按照薄板 T 形接头的示教轨迹进行示教编程后，机器人示教器主窗口中生成示教程序，KUKA 机器人示教程序如图 6-26 所示。

图 6-25　进枪点和退枪点及焊枪姿态

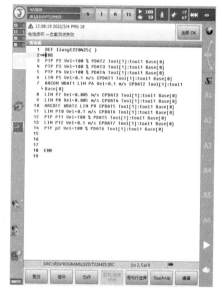

图 6-26　KUKA 机器人示教程序

操作人员对示教程序进行再现操作，仔细观察机器人是否准确再现了示教轨迹和运动模式，如发现示教不理想，应及时修改程序。

5. 机器人焊接工艺

1）机器人 T 形接头平角焊的焊接工艺与编程要点

① 焊趾处易产生咬边，焊枪与立板、水平板之间的夹角为 45°，与焊接方向后倾约 10°，设定合适的焊接参数，防止因焊接电流过大而产生咬边。

② 引弧处易产生未熔合缺陷，编程时应设定引弧电流大于正常焊接电流约15%，停留时间应稍长。

③ 收弧处易产生弧坑或裂纹，编程设定收弧焊接参数时应适当减小焊接电流，停留时间应稍长，避免弧坑及裂纹的产生。

④ 采用单层直线不摆动焊接一次成形。

2）焊缝质量要求

焊缝外观质量要求如表 6-6 所示。

表 6-6　焊缝外观质量要求

检 查 项 目	标 准 值	检 查 项 目	标 准 值
焊缝凸凹度	0～1mm	焊脚尺寸	3～5mm
焊脚尺寸差	0～1mm	角变形	两板夹角 90°±2°
咬边	深度≤0.5mm，长度≤15mm	焊缝外观成形	焊缝成形良好

3）焊接参数设置

薄板 T 形接头平角焊的焊接参数如表 6-7 所示。

表 6-7　薄板 T 形接头平角焊的焊接参数

焊接层数	焊接电流/A	焊接电压/V	焊接速度/(mm/min)	运枪方式	焊丝干伸长度/mm	气体流量/(L/min)
单层焊	140	20	350	直线	15	10～15

4）焊接设备选择

机器人型号选择 KUKA 机器人 KR16；焊接电源选择 Fronius-TPS4000 焊机。

5）焊接

机器人薄板 T 形接头平角焊的焊接效果如图 6-27 所示。

微课：机器人 T 形接头平角焊

图 6-27　机器人薄板 T 形接头平角焊的焊接效果

任务四　机器人管板垂直固定俯位焊

1. 管板类接头的焊接特点

管板类接头根据接头形式的不同可分为骑座式管板和插入式管板；根据空间位置的不同可分为垂直固定俯位焊、垂直固定仰位焊、水平固定全位置焊、倾斜 45°固定焊。管板的焊接位置如图 6-28 所示。

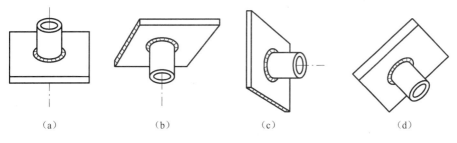

（a）　　　　　　（b）　　　　　　（c）　　　　　　（d）

图 6-28　管板的焊接位置

管板类接头对管板加工要求较低，制造工艺简单，有较好的密封性，并且焊接、外观检查、维修都很方便，是目前锅炉、压力容器制造业的主要焊缝形式之一。

2．管板垂直固定俯位焊所用的材料

管板垂直固定俯位焊焊件的结构和尺寸如图 6-29 所示。

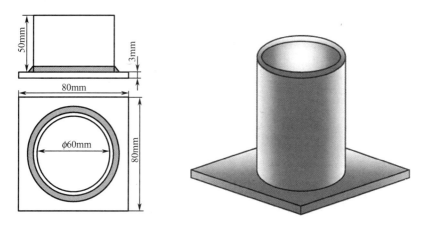

图 6-29　管板垂直固定俯位焊焊件的结构和尺寸

焊件材料选用 Q235 钢，钢板尺寸为 80mm×80mm×3mm，钢管尺寸为 ϕ60mm×50mm。接头形式为管板插入式；焊接位置为管板俯位平角焊。

采用 80%Ar+20%CO_2 的混合气体作为保护气体，使用 ϕ1.2mm 的 G49A3C1S6 (ER50-6)焊丝，通过在线示教编程操作机器人完成焊接作业。

3．焊件装配与定位焊

在装配时，将钢管中轴线与法兰孔的圆心对中，钢管垂直于钢板，间隙为零，环焊缝均匀分布三点定位焊，每点相距 120°。在进行定位焊时，选用型号为 G49A3C1S6 (ER50-6)、直径为 1.0mm 的焊丝，可采用焊接机器人进行定位焊。

4．机器人示教编程

管板垂直固定俯位焊直接采用圆弧轨迹示教，管板垂直固定俯位焊的示教运动轨迹如图 6-30 所示，主要由编号为①~⑪的 11 个示教点组成。

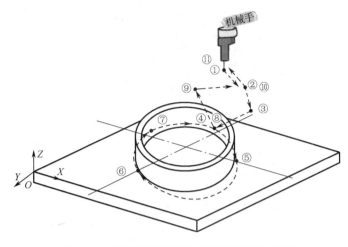

图 6-30　管板垂直固定俯位焊的示教运动轨迹

　　①点、⑪点为原点（或待机位置点），其应处于与焊件、夹具互不干涉的位置，焊枪角度一般为 45°（相对于 X 轴）。

　　②点、③点、⑨点、⑩点为过渡点（前进点或规避点），也要处于与焊件、夹具互不干涉的位置，焊枪角度任意，机器人过渡点位置如图 6-31 所示。

图 6-31　机器人过渡点位置

　　④点、⑤点、⑥点、⑦点、⑧点为焊接点，焊枪姿态与两焊件成 45° 夹角，焊缝待焊方向与圆管切线成 95°～100° 夹角，机器人焊接点位置及焊枪姿态如图 6-32 所示。

图 6-32　机器人焊接点位置及焊枪姿态

按照管板垂直固定俯位焊的示教运动轨迹进行示教编程后，在机器人示教器主窗口中将生成示教程序，KUKA 机器人示教程序如图 6-33 所示。

图 6-33 KUKA 机器人示教程序

5. 机器人焊接

1）机器人管板垂直固定俯位焊的焊接工艺与编程要点

① 焊件属于管板插入式接头形式，焊接位置为管板垂直俯位平角焊。

② 管板根部焊缝示教时，焊枪角度、电弧对中位置需要随着管板对接接头的弧度变化而变化。

③ 管板焊缝后焊部分的温度高于先焊部分，该处焊接时易产生咬边缺陷，因此，编程时该处设定的焊接电流应适当减小。

④ 由于管板焊缝属于闭环焊缝，为保证接头的熔合性，收弧处应与引弧处重叠一部分。但这样易使接头处焊缝成形高低和宽窄不一。

⑤ 焊接方式可以采用圆弧（内、外圆弧）传感示教，也可直接采用圆弧轨迹示教，后者操作较简单。

2）焊缝质量要求

焊缝外观质量要求如表 6-8 所示。

表 6-8 焊缝外观质量要求

检 查 项 目	标 准 值	检 查 项 目	标 准 值
焊缝凸凹度	0～1mm	焊脚尺寸	3～5mm
焊脚尺寸差	0～1mm	角变形	90°±2°
咬边	深度≤0.5mm，长度≤15mm	焊缝外观成形	焊缝成形良好

3）焊接参数设置

管板垂直固定俯位焊的焊接参数如表 6-9 所示。

表 6-9　管板垂直固定俯位焊的焊接参数

焊接层数	焊接电流/A	焊接电压/V	焊接速度/(mm/min)	运枪方式	焊丝干伸长度/mm	气体流量/(L/min)
单层焊	150	20	330	直线	15	12～15

4）焊接设备选择

机器人型号选择 KUKA 机器人 KR16；焊接电源选择 Fronius-TPS4000 焊机。

5）焊接效果

管板垂直固定俯位焊的焊接效果如图 6-34 所示。

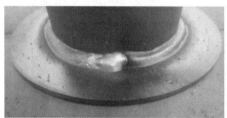

图 6-34　管板垂直固定俯位焊的焊接效果

1+X 测评

题目：组合件机器人实心焊丝混合气体（80%Ar+20%CO$_2$）保护电弧焊。

一、组合试件

组合试件尺寸及装配如图 6-35 所示。

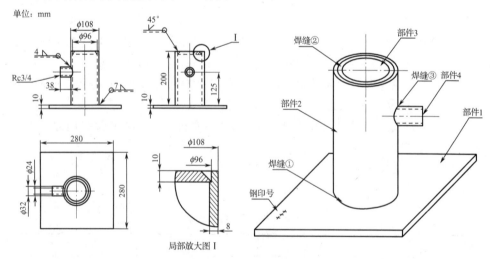

图 6-35　组合试件尺寸及装配

二、技术要求

（1）焊接方法：熔化极气体保护电弧焊机器人焊接。

（2）母材：Q235 钢板、20#钢管；保护气体：80%Ar+20%CO_2 的混合气体；焊丝：G49A3C1S6 (ER50-6)、ϕ1.2mm 焊丝。

（3）焊件打钢印号处位于机器人机座的近端。

（4）选手完成焊接编程和运动轨迹示教后，焊接前必须向监考裁判示意，监考裁判确认后，方可启动机器人进行焊接。

（5）假如选手操作失误发生撞枪或其他设备问题，若仍可恢复竞赛操作，每次扣 3 分；若致使设备损坏无法继续完成焊接，则终止比赛。

（6）焊接机器人开启自动焊接模式后，允许人工介入次数不超过 3 次，但每次人工介入扣 3 分；

（7）机器人焊接试件可进行二次定位和二次焊接的全过程为焊缝③装配、点固；焊缝③编程、焊接；焊缝①和焊缝②装配、点固；焊缝①和焊缝②编程、焊接。

三、评分标准

1．焊缝①评分标准

焊缝①评分标准采用机器人熔化极气体保护电弧焊外观评分标准（135），机器人熔化极气体保护电弧焊外观评分标准（135）如表 6-10 所示。

表 6-10　机器人熔化极气体保护电弧焊外观评分标准（135）

加密号		裁判员签名		合计得分 （满分 100）		
检查项目	标准、分数	焊缝等级				得分
		I	II	III	IV	
焊脚高度 K_1	标准/mm	≥7.0，≤7.5	>7.5，≤8.0	>8.0，≤8.5	<7.0，>8.5	
	分数	20	14	8	0	
焊脚高度 K_2	标准/mm	≥7.0，≤7.5	>7.5，≤8.0	>8.0，≤8.5	<7.0，>8.5	
	分数	20	14	8	0	
ΔK	标准/mm	≤0.5	>0.5，≤1.0	>1.0，≤1.5	>1.5	
	分数	10	7	4	0	
咬边	标准/mm	0	深度≤0.5 且长度≤10	深度≤0.5 长度>10，≤20	深度>0.5 或深度≤0.5，长度>20	
	分数	20	14	8	0	
表面气孔/夹渣	标准（≥0.5mm）/个	0	1	2	>2	
	分数	20	14	8	0	
焊缝凹凸度	标准/mm	0～0.5	>0.5，≤1	>1，≤1.5	>1.5	
	分数	10	7	4	0	

注：1．表面气孔等缺陷检查采用 5 倍放大镜。

2．表面有裂纹、未熔合、焊瘤、焊穿等任一缺陷，该段焊缝外观做 0 分处理。

3．焊缝未完成、表面修补、未清理或试件有明显标记的，该试件做 0 分处理。

4．其中：$\Delta K = K_{max} - K_{min}$。

5．管体与底板装配为同一中心线，偏差>8mm 试件做 0 分处理。

6．合计得分乘以 20%为本项检查的最终得分。

2．焊缝②评分标准

焊缝②评分标准采用机器人熔化极气体保护电弧焊外观评分标准（135），机器人熔化极气体保护电弧焊外观评分标准（135）如表 6-11 所示。

表 6-11　机器人熔化极气体保护电弧焊外观评分标准（135）

加密号		裁判员签名		合计得分（满分 100）		
检查项目	标准、分数	焊缝等级				得分
		I	II	III	IV	
焊缝余高	标准/mm	≥0，≤1.5	>1.5，≤2	>2，≤3	>3，<0	
	分数	20	14	8	0	
焊缝余高差	标准/mm	≤0.5	>0.5，≤1.0	>1.0，≤1.5	>1.5	
	分数	10	7	4	0	
焊缝宽度	标准/mm	≥11，≤12	>11，≤12.5	≤10.5，≥13	<10.5，>13	
	分数	20	14	8	0	
焊缝宽度差	标准/mm	≤0.5	>0.5，≤1.0	>1.0，≤1.5	>1.5	
	分数	10	7	4	0	
焊缝偏离	标准/mm	≤1	>1，≤1.5	>1.5，≤2.0	>2.0	
	分数	10	7	4	0	
咬边	标准/mm	0	深度≤0.5且长度≤10	深度≤0.5长度>10，≤15	深度>0.5或深度≤0.5，长度>15	
	分数	10	7	4	0	
表面气孔/夹渣	标准（≥0.5mm）/个	0	1	2	>2	
	分数	10	7	4	0	
焊缝凹凸度	标准/mm	0～0.5	>0.5，≤1	>1，≤1.5	>1.5	
	分数	10	7	4	0	

注：1．表面气孔等缺陷检查采用 5 倍放大镜。

2．表面有裂纹、未熔合、焊瘤、焊穿等任一缺陷，该段焊缝外观做 0 分处理。

3．焊缝未完成、表面修补、未清理或试件有明显标记的，该试件做 0 分处理。

4．合计得分乘以 20%为本项检查的最终得分。

3．焊缝③评分标准

焊缝③评分标准采用机器人熔化极气体保护电弧焊外观评分标准（135），机器人熔化极气体保护电弧焊外观评分标准（135）如表 6-12 所示。

表 6-12　机器人熔化极气体保护电弧焊外观评分标准（135）

加密号		裁判员签名		合计得分（满分 100）		
检查项目	标准、分数	焊缝等级				得分
		I	II	III	IV	
焊脚高度 K_1	标准/mm	≥4.0，≤4.5	>4.5，≤5.0	>5.0，≤5.5	<4.0，>5.5	
	分数	20	14	8	0	

续表

加密号		裁判员签名			合计得分 （满分 100）	
检查项目	标准、分数	焊缝等级				得分
		I	II	III	IV	
焊脚高度 K_2	标准/mm	≥4.0，≤4.5	>4.5，≤5.0	>5.0，≤5.5	<4.0，>5.5	
	分数	20	14	8	0	
ΔK	标准/mm	≤0.5	>0.5，≤1.0	>1.0，≤1.5	>1.5	
	分数	10	7	4	0	
咬边	标准/mm	0	深度≤0.5 且长度≤10	深度≤0.5 长度>10，≤20	深度>0.5 或深度≤0.5，长度>20	
	分数	20	14	8	0	
表面气孔/夹渣	标准（≥0.5mm）/个	0	1	2	>2	
	分数	20	14	8	0	
焊缝凹凸度	标准/mm	0～0.5	>0.5，≤1	>1，≤1.5	>1.5	
	分数	10	7	4	0	

注：1. 表面气孔等缺陷检查采用 5 倍放大镜。

2. 表面有裂纹、未熔合、焊瘤、焊穿等任一缺陷，该条焊缝外观做 0 分处理。

3. 焊缝未完成、表面修补、未清理或试件有明显标记的，该试件做 0 分处理。

4. 合计得分乘以 20% 为本项检查的最终得分。

4. 焊缝压力试验评分标准

焊缝压力试验评分标准采用机器人熔化极气体保护电弧焊压力试验评分标准，机器人熔化极气体保护电弧焊压力试验评分标准如表 6-13 所示。

表 6-13　机器人熔化极气体保护电弧焊压力试验评分标准

加密号		裁判员签名			合计得分 （满分 100）	
检查项目	标准、分数	分级注水，加压 0.2MPa、0.4MPa、0.6MPa 水充入容器内，检测有无泄漏点				得分
水压力	标准	0.6MPa 无泄漏	0.4MPa 无泄漏	0.2MPa 无泄漏	<0.2MPa 有泄漏	
	分数	100	80	60	0	

注：1. 水压试验压力逐级加压，在 0.2MPa、0.4MPa、0.6MPa 分别保压 5min 观察检测。

2. 合计得分乘以 35% 为本项检查的最终得分。

5. 职业素养考核评分标准

（1）满分 5 分，占总成绩 5%。

（2）劳保用品穿戴不符合要求，每项扣 0.5 分，扣满 1 分为止。

（3）安全操作不符合要求，每项扣 0.5 分，扣满 1.5 分为止。

（4）文明生产不符合要求，每项扣 0.5 分，扣满 1.5 分为止。

（5）焊接机器人归为原位，退出示教程序，把示教器的控制电缆线盘整理好，将示教器放回指定位置，清理现场，未做到每项扣 0.5 分，扣满 1 分为止。

【课程思政案例】

世界技能大赛移动机器人项目冠军郑棋元、胡耿军

2019 年 8 月，第 45 届世界技能大赛在俄罗斯喀山举行，本次比赛云集了来自世界技能组织的 69 个成员国和地区的 1355 名选手，在六大类 56 个项目中开展竞技。

云南技师学院郑棋元和广州市机电技师学院胡耿军代表中国队出战，最终夺得了第 45 届世界技能大赛移动机器人项目的金牌，实现了中国队在该项目上金牌零的历史性突破，同时也终结了韩国在这个项目上的"五连冠"。

移动机器人的研究只有 50 多年的历史，而中国在该领域起步较晚。中国最大的竞争对手是实力雄厚的韩国队，在 2019 年喀山第 45 届世界技能大赛之前，中国队在移动机器人项目仅有一枚铜牌，而韩国队已经达成了这一项目的"五连冠"

世界技能大赛，是全球技能领域的最高赛事，被誉为"世界技能奥林匹克"。世界技能大赛的备战工作，就是一场面对未知的极限挑战，怀着对夺冠的渴望，郑棋元和胡耿军除吃饭、睡觉外都在训练，每天过着"三点一线"的生活。他们要挑战的不仅仅是实力强劲的韩国队，更是在追求自己的极限。

比赛的特殊性决定了一切都要从零开始，郑棋元和胡耿军团队需要结合机器人的发展趋势，站在专家、评委的角度上思考，摸索出大赛的出题方向。在集训基地，郑棋元和胡耿军团队每天十几个小时对着计算机、编程、测试，反复验证各种方案，采取抽丝剥茧的方式，在几十种不同的方案上反复琢磨，每一个方案从场地的变化到机器人的功能设定，都做了上百次的测试。

正是郑棋元和胡耿军团队在工作上的精益求精、追求极致、开拓创新，才使他们最终站上世界技能大赛的最高领奖台，为全社会弘扬劳模精神、工匠精神起到了一个很好示范作用。

机器人焊接缺欠、故障与检验

【学习任务】

任务一　机器人焊接缺欠与故障
任务二　焊接检验方法
1+X 测评

【学习目标】

1. 掌握焊接缺欠的定义及分类
2. 掌握熔化极气体保护电弧焊的焊接缺欠特征、危害、产生原因与防止措施
3. 了解点焊常见的焊接缺欠、产生原因及对焊接质量的影响
4. 了解机器人焊接常见的故障及处理办法
5. 掌握常用焊接缺欠的检验方法

任务一　机器人焊接缺欠与故障

一、焊接缺欠

焊接过程中在焊接接头中产生的金属不连续、不致密或连接不良的现象称为焊接缺欠，超过规定值的焊接缺欠称为焊接缺陷。焊接缺欠的种类很多，按其在焊缝中的位置不同分为外部缺欠和内部缺欠两大类。

1. 外部缺欠

外部缺欠位于焊缝外表面，用肉眼或低倍放大镜就可以看到。如焊缝成形差、咬边、烧穿、表面气孔和表面裂纹等。

2．内部缺欠

内部缺欠位于焊缝内部，这类缺欠可用无损探伤或破坏性检验来发现，如未焊透、未熔合、夹渣、内部气孔和内部裂纹等。

师傅点拨

焊接接头中的缺欠，不仅破坏了焊接接头的连续性，缩短结构使用寿命，严重的还会导致结构的脆性破坏，危及生命财产安全。焊接缺欠的危害主要是以下两个方面：一是引起应力集中，二是造成脆断。焊接结构中危害性较大的缺欠是裂纹和未熔合等。

二、熔化极气体保护电弧焊的焊接缺欠

1．焊缝成形差

焊缝成形差的特征、危害、产生原因与防止措施如表 7-1 所示。

表 7-1　焊缝成形差的特征、危害、产生原因与防止措施

缺欠特征	焊缝成形差主要是指焊缝外形高低不平，外形粗糙；焊缝宽窄不均，太宽或太窄；焊缝余高过高或高低不均；角焊缝的焊脚不均及变形较大等现象
缺欠危害	焊缝宽窄不均，除了造成焊缝成形不美观，还影响焊缝与母材的结合强度；焊缝余高太高，使焊缝与母材交界处突变，应力集中，若焊缝低于母材，则焊接接头强度不够；角焊缝的焊脚不均，且无圆滑过渡也易造成应力集中
缺欠图示	
缺欠产生原因	① 焊丝未经校直或校直不好 ② 导电嘴磨损而引起电弧摆动 ③ 焊丝伸出过长 ④ 焊接速度太慢 ⑤ 焊枪中心点 TCP 的标定不准 ⑥ 机器人各轴的零点位置不准
防止措施	① 检修焊丝校正机构 ② 更换导电嘴 ③ 调整焊丝伸出长度 ④ 调整焊接速度 ⑤ 焊枪中心点 TCP 重新标定 ⑥ 机器人各轴重新校零

2. 咬边

咬边的特征、危害、产生原因与防止措施如表 7-2 所示。

表 7-2　咬边的特征、危害、产生原因与防止措施

缺欠特征	咬边是由于焊接参数选择不当或操作方法不正确,沿焊趾的母材部位产生的沟槽或凹陷
缺欠危害	咬边减少了母材的有效面积,降低了焊接接头的强度,并且在咬边处形成应力集中,容易引发裂纹
缺欠图示	
缺欠产生原因	① 焊接速度太快 ② 电弧电压太高 ③ 焊接电流过大 ④ 停留时间不足 ⑤ 焊枪角度不正确
防止措施	① 减慢焊接速度 ② 降低电弧电压 ③ 减小焊接电流 ④ 增加在熔池边缘的停留时间 ⑤ 调整焊枪角度,使电弧力推动金属流动

3. 下塌与烧穿

下塌、烧穿的特征、危害、产生原因与防止措施如表 7-3 所示。

表 7-3　下塌、烧穿的特征、危害、产生原因与防止措施

缺欠特征	下塌是指单面熔焊时,由于焊接工艺不当,造成焊缝金属过量透过背面,而使焊缝正面塌陷,背面凸起的现象;烧穿是在焊接过程中,熔化金属自坡口背面流出,形成穿孔的缺欠
缺欠危害	下塌削弱了焊接接头的承载能力;烧穿使焊接接头完全失去了承载能力,是一种绝对不允许存在的缺欠
缺欠图示	
缺欠产生原因	① 焊接电流过大 ② 坡口根部间隙过大 ③ 钝边过小 ④ 焊接速度过慢
防止措施	① 减小焊接电流 ② 合理选择坡口根部间隙 ③ 加大钝边或减小焊接电流 ④ 增大焊接速度

4. 裂纹

裂纹的特征、危害、产生原因与防止措施如表 7-4 所示。

表 7-4　裂纹的特征、危害、产生原因与防止措施

缺欠特征	裂纹是在焊接应力及其他致脆因素的共同作用下，焊接接头中局部区域的金属原子结合力遭到破坏，从而形成的新界面所产生的缝隙，它具有尖锐的缺口和大的长宽比 裂纹按其产生的温度和原因的不同可分为热裂纹、冷裂纹、再热裂纹等；按其产生的部位不同又可分为纵向裂纹、横向裂纹、焊根裂纹、弧坑裂纹、熔合线裂纹及热影响区裂纹等
缺欠危害	裂纹不仅会降低焊接接头的强度，还会引起严重的应力集中，使结构断裂破坏，所以裂纹是一种危害性很大的缺欠
缺欠图示	
缺欠产生原因	① 焊缝深宽比大 ② 焊道太窄（特别是角焊缝和底层焊缝） ③ 焊缝末端处的弧坑冷却过快 ④ 气体水分太大 ⑤ 焊丝、工件清理不干净
防止措施	① 减慢行走速度，加大焊缝的横截面 ② 增大电弧电压或减小焊接电流，以加宽焊道而减小熔深 ③ 采用衰减控制，减小冷却速度；适当填充弧坑；在盖面层采用分段焊法，一直到焊缝结束 ④ 提纯、干燥气体 ⑤ 焊丝、工件清理干净

5. 气孔

气孔的特征、危害、产生原因与防止措施如表 7-5 所示。

表 7-5　气孔的特征、危害、产生原因与防止措施

缺欠特征	气孔是焊接时，熔池中的气泡在凝固时未能及时逸出而残留下来形成空穴的现象 产生气孔的气体主要有 H_2、N_2 和 CO；气孔有球形、条虫状和针状等多种形状；气孔有时是单个分布的，有时是密集分布的，也有连续分布的；气孔有时在焊缝内部，有时暴露在焊缝外部
缺欠危害	气孔的存在会削弱焊缝的有效工作断面，造成应力集中，降低焊缝金属的强度和塑性，尤其是冲击韧度和疲劳强度的降低更为显著
缺欠图示	

续表

缺欠产生原因	① 保护气体覆盖不足 ② 焊丝污染 ③ 工件污染 ④ 电弧电压太高 ⑤ 喷嘴与工件距离太大
防止措施	① 增加保护气体流量，排除焊接区空气；减少保护气体流量，防止空气卷入；消除喷嘴内飞溅；降低焊接速度；减小喷嘴到焊件的距离；焊接结束时应在熔池凝固后移开喷嘴 ② 采用洁净的焊丝，清除焊丝在送丝装置或导丝管中黏附的润滑剂 ③ 焊前清除工件上的油、锈和尘土；采用含脱氧剂的焊丝 ④ 降低电弧电压 ⑤ 减小焊丝伸出长度

6. 夹渣

夹渣的特征、危害、产生原因与防止措施如表 7-6 所示。

表 7-6　夹渣的特征、危害、产生原因与防止措施

缺欠特征	焊后在焊缝中残留熔渣
缺欠危害	夹渣削弱了焊缝的有效断面，降低了焊缝的力学性能；夹渣还会引起应力集中，易使焊接结构在承载时遭受破坏
缺欠图示	
缺欠产生原因	① 采用多道焊短路电弧（熔渣型夹杂物） ② 行走速度过快（氧化膜型夹杂物） ③ 焊件边缘及焊道、焊层之间清理不干净
防止措施	① 增加焊接电流 ② 降低行走速度，采用含脱氧剂较高的焊丝 ③ 做好焊件边缘及焊道、焊层之间的清理

7. 未焊透

未焊透的特征、危害、产生原因与防止措施如表 7-7 所示。

表 7-7　未焊透的特征、危害、产生原因与防止措施

缺欠特征	焊接时焊接接头根部未完全熔透，对于对接焊缝也指焊缝深度未达到设计要求
缺欠危害	未焊透是一种比较严重的焊接缺欠，它使焊缝的强度降低，引起应力集中，因此重要的焊接接头不允许存在未焊透缺欠
缺欠图示	

缺欠产生原因	① 坡口设计、加工不合理（钝边太大、间隙过小、坡口角度过小） ② 焊接技术不合理 ③ 热输入不合理
防止措施	① 焊接接头的设计、加工必须合适，适当加大坡口角度，使焊枪直接作用在熔池底部，保持喷嘴与焊件的距离合适；减少钝边高度或增大焊接接头底部间隙 ② 焊丝保持适当的角度，以达到最大熔深，使电弧处于熔池前沿 ③ 提高送丝速度以获得较大的焊接电流，保持喷嘴与焊件的距离合适

8. 未熔合

未熔合的特征、危害、产生原因与防止措施如表 7-8 所示。

表 7-8　未熔合的特征、危害、产生原因与防止措施

缺欠特征	熔焊时，焊道与母材之间或焊道与焊道之间出现未完全熔化结合的现象
缺欠危害	未熔合直接降低了焊接接头的力学性能，严重的未熔合会使焊接结构无法承载
缺欠图示	未熔合
缺欠产生原因	① 焊缝区表面有氧化膜或锈皮 ② 热输入不足 ③ 焊接熔池太大 ④ 焊接操作不合适 ⑤ 焊接接头设计不合理
防止措施	① 焊前全部清理坡口面和焊缝区的轧制氧化皮或杂质 ② 提高送丝速度和电弧电压，减慢焊接速度 ③ 减小电弧摆动，减小焊接熔池 ④ 采用摆动技术在靠近坡口面熔池边缘停留；焊丝指向熔池前沿 ⑤ 坡口角度应足够大，以减少焊丝伸出长度（增大电流），使电弧直接加热熔池底部

9. 飞溅

飞溅的特征、危害、产生原因与防止措施如表 7-9 所示。

表 7-9　飞溅的特征、危害、产生原因与防止措施

缺欠特征	飞溅是焊接过程中金属颗粒向周围飞散的现象
缺欠危害	飞溅增大，会降低焊丝的熔敷系数，从而增加焊丝及电能的消耗，降低生产率和增加成本 飞溅金属附着到导电嘴端面和喷嘴内壁上，会使送丝不畅，从而影响电弧稳定性，降低保护气体的保护作用，飞溅金属附着到导电嘴、喷嘴、焊缝及焊件表面上，需待焊后进行清理 飞溅金属，还容易烧坏焊工的工作服，甚至烫伤皮肤，恶化劳动条件
缺欠图示	

续表

缺欠产生原因	① 电弧电压过低或过高 ② 焊丝与焊件清理不良 ③ 送丝不均匀 ④ 导电嘴磨损严重 ⑤ 焊机动特性不合适
防止措施	① 根据焊接电流调整电弧电压 ② 焊前仔细清理焊丝和坡口 ③ 检查压丝轮和送丝软管（修理或更换） ④ 更换导电嘴 ⑤ 对于整流式焊机应调节直流电感；对于逆变式焊机要调节回路的电子电抗器

三、点焊的焊接缺欠

点焊常见的焊接缺欠、产生原因及对焊接质量的影响如表 7-10 所示。

表 7-10　点焊常见的焊接缺欠、产生原因及对焊接质量的影响

缺欠名称	产生原因	对焊接质量的影响
压痕过深及 表面过热	① 电极接触面积过小 ② 焊接电流过大 ③ 通电时间过长 ④ 电极冷却条件差 ⑤ 电极头尺寸过小	压痕过深使焊点强度降低 处理措施：压痕过深，可采用电弧焊方法补焊
喷溅	① 电极压力过小 ② 焊接电流过大 ③ 通电时间过长 ④ 焊接程序错误（没有预先压紧） ⑤ 焊件或电极头未清理干净 ⑥ 电极工作表面形状或位置不正确	影响表面质量；降低焊接接头强度及耐腐蚀性能
表面发黑 （多出现在点焊铝及铝合金时）	① 焊前表面清理不良 ② 焊接电流过大 ③ 通电时间过长 ④ 电极压力小	降低焊接接头的表面质量和耐腐蚀性能
表面裂纹	① 电极压力小 ② 电极冷却能力差 ③ 焊接时间长 ④ 焊接电流过大	明显降低动载条件下构件的疲劳强度 处理措施：表面裂纹应磨掉并用电弧焊进行补焊
焊接接头边缘压溃	① 焊接接头边距过小 ② 电极没有对准 ③ 出现喷溅	降低焊接接头强度
未焊透或焊点过小	① 焊件加热不足 ② 焊接电流小、分流大 ③ 加热时间短 ④ 电极压力大 ⑤ 接触面积大 ⑥ 表面清理不良 ⑦ 温度场偏离贴合面	降低焊接接头强度 处理措施：可加大焊接电流重新焊接或在未焊透的焊点旁补加焊点

续表

缺 欠 名 称	产 生 原 因	对焊接质量的影响
焊透率过大	① 焊接电流过大 ② 通电时间过长 ③ 电极压力小 ④ 电极冷却条件差	降低焊接接头的力学性能
气孔、缩孔、缩松	① 焊件表面有锈或涂层 ② 焊接时间过短 ③ 电极压力不足 ④ 未能及时施加锻压力 ⑤ 焊件表面清理不干净	若未产生裂纹,则对焊点强度影响不大
熔核中裂纹	与熔核及近缝区出现淬硬组织有关	严重降低焊接接头的疲劳强度
结合线伸入(指两板结合面伸入到熔核部分)	与表面高熔点氧化膜清理不净有关,多出现在点焊铝合金时	减小熔核的有效直径;降低焊接接头的强度

四、机器人焊接常见故障

在机器人焊接过程中,由于设备、工艺、环境等因素影响,不可避免地会出现各种故障,对于简单的故障可通过查阅设备说明书摸索解决,但对于较复杂的故障,则要联系厂家专业设备维修人员来解决。机器人焊接常见的故障及解决办法如表 7-11 所示。

文档:库卡机器人回原点故障排除

表 7-11　机器人焊接常见的故障及解决办法

故 障 内 容	产 生 原 因	解 决 办 法
寻位失败	寻位点有氧化皮或污染物	清理焊件表面
	编程时寻位点设置不合理	更改寻位点
	工件装配误差大导致寻位焊钉接触不到工件	改为手工焊接
	干伸长度过长	手动修剪焊丝或重新运行清枪程序
焊偏	零位更改程序未改变	更改起弧点、收弧点
	跟踪参数设置不当	更改参数灵敏度
	焊接位置偏出	更改起弧点、中间点、收弧点
	焊接变形大	重新设定焊接程序
	焊枪坐标错误	校正焊枪;更新转数计数器
	焊缝被污染或有较大的焊点	清理焊缝
	编程出错或者偏移参数设置不当	检查程序,更改参数
无法自动运行,但可以手动操作	系统故障	先热启动,再重新校准各轴
停机故障	软件原因	如有信息提示,可根据系统自我诊断信息进行处理;如无信息提示,重新启动系统
	硬件原因	联系厂家维修人员

续表

故障内容	产生原因	解决办法
送丝不稳定	送丝压力调节不当	重新调整送丝压力
	焊丝不良	检查焊丝，焊丝应无交叉、直径均匀、无硬弯，如不符合规定则更换焊丝
	SUS 与送丝轮不同心	紧固送丝轮，校准 SUS 位置
	送丝软管堵塞	用压缩空气清理或更换送丝软管
	焊枪电缆弯曲半径不符合要求	焊枪电缆弯曲半径应大于 300mm
	导电嘴规格不符合要求	更换导电嘴
	送丝轮污染造成送丝动力不足	清理或更换送丝轮
	电路故障	检修电路或联系厂家检修
电弧不稳定	输出电压不稳定	紧固焊机各线路连接点；检查焊机电路
	焊丝质量问题	检查或更换焊丝
	送丝不稳定	检查送丝机系统部件及电路
	其他因素，包括操作不当、焊接参数设置不合理、程序错误等	校准示教点位置是否准确；检查 TCP 位置；检查焊接参数设置的合理性
焊接飞溅大	焊接参数设置不合理	检查焊接参数设置的合理性，特别是焊接电流与焊接电压的匹配等问题
	焊丝直径选用不当或焊丝存在质量问题	更换焊丝
	焊接材料清理不彻底，表面有污染物	及时清除或更换
	焊接回路接触不良	紧固各电路各连接处；检查电路
	操作不当	调整焊枪角度；调整 TCP 到焊件的距离
	导电嘴磨损	更换导电嘴
出现蛇形焊缝或断续焊缝	导电嘴松动或磨损严重	紧固或更换导电嘴
	焊丝干伸长度过大	调整 TCP 到焊件的距离
	焊丝校直不良	重新调整送丝机
	送丝管堵塞或阻力过大	用压缩空气清理或更换

任务二　焊接检验方法

　　焊接检验是根据有关标准、规程、规范，控制和检验焊接质量，及时发现、消除缺欠并防止缺欠重复出现的重要手段。

　　焊接检验可分为无损检验和破坏性检验两类。无损检验是指在不损坏被检验材料或成品的性能和完整性的基础上检测缺欠的方法。破坏性检验是从焊件或试件上切取试样，或以产品（或模拟体）的整体破坏做试验，以检验其各种力学性能、抗腐蚀性能等性能的试验法。焊接检验分类如图 7-1 所示。

1．外观检验

　　外观检验是一种简便且应用广泛的检验方法。它是用肉眼或借助于标准样板、焊缝检验尺、量具或用低倍（5 倍）放大镜观察焊件，以发现焊缝表面缺欠的方法。

外观检验的主要目的是发现焊接接头的表面缺欠，如焊缝的表面气孔、表面裂纹、咬边、焊瘤、烧穿及焊缝尺寸偏差、焊缝成形等。检验前须将焊缝附近 10～20mm 内的飞溅和污物清除干净。

焊缝检验尺是一种精密量规，用来测量焊件的坡口角度、装配间隙、错边及焊缝的余高、焊缝宽度和角焊缝焊脚等。

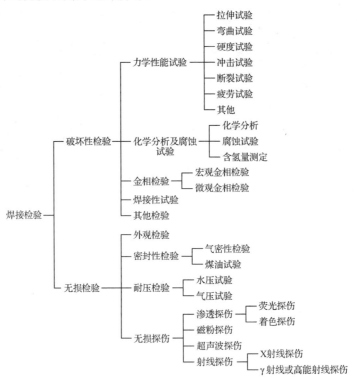

图 7-1　焊接检验分类

2. 密封性检验

密封性检验是用来检查有无漏水、漏气和渗油、漏油等现象的试验。密封性检验的方法很多，常用的方法有气密性检验、煤油试验等，主要用来检验焊接管道、容器、密闭容器上焊缝或焊接接头是否存在不致密缺欠等。

1）气密性检验

常用的气密性检验是将远低于容器工作压力的压缩空气压入容器，利用容器内外气体的压力差来检查有无泄漏的。检验时，在焊缝外表面涂上肥皂水，当焊接接头有穿透性缺欠时，气体就会逸出，肥皂水就会出现气泡，从而显示缺欠。这种检验方法常用于受压容器接管、加强圈的焊缝。

2）煤油试验

先在焊缝的一面（包括热影响区）涂上石灰水溶液，干燥后呈白色。再在焊缝的另一面涂上煤油。由于煤油的渗透力较强，当焊缝及热影响区存在贯穿性缺欠时，煤油就能渗透过去，使涂有石灰水的一面显示出明显的油斑，从而显示缺欠所在。

煤油试验的持续时间与焊件板厚、缺欠大小及煤油量有关，一般为 15～20min，如果在规定时间内，焊缝表面未显现油斑，就认为焊缝密封性合格。

3．耐压检验

耐压检验是将水、油、气等充入容器内逐渐加压，以检查其是否泄漏、耐压值、是否破坏等的试验。常用的耐压试验有水压试验等。

在进行水压试验时，先将容器注满水，密封各接管及开孔，再用试压泵向容器内加压。试验压力一般为产品工作压力的 1.25～1.5 倍，试验温度一般高于工作温度 5℃（低碳钢）。在升压过程中，应按规定逐级上升，中间做短暂停压，当压力达到试验压力后，应恒压一定的时间，一般为 10～30min，随后将压力缓慢降至产品的工作压力。这时在沿焊缝边缘 15～20mm 的地方，用圆头小锤轻轻敲击检查，当发现焊缝有水珠、水雾或有潮湿现象时，应标记出来，待容器卸压后做返修处理。水压试验常用来对锅炉、压力容器和管道做整体致密性和强度检验。

视频：水压试验

4．无损探伤

无损探伤主要包括渗透探伤、磁粉探伤、超声波探伤、射线探伤等。其中超声波探伤、射线探伤适用于焊缝内部缺欠的检验，渗透探伤、磁粉探伤适用于焊缝表面缺欠的检验。

1）渗透探伤

渗透探伤是将溶有荧光染料或着色染料的渗透液涂于试件表面，在润湿和毛细现象的作用下，渗透液渗入到表面开口的缺欠中，清除附着于试件表面多余的渗透液，干燥后在试件表面涂上显像剂，这时缺欠中的渗透液在毛细现象的作用下被重新吸附到试件表面，形成了缺欠的痕迹，观察缺欠痕迹就可做出缺欠的评定。

视频：渗透探伤

渗透探伤可用来检验铁磁材料和非铁磁材料的表面缺欠，但多用于非铁磁材料的检验。渗透探伤有荧光探伤和着色探伤两种方法。

2）磁粉探伤

磁粉探伤是利用在强磁场中，铁磁材料表面缺欠产生的漏磁场吸附磁粉的现象进行的无损检验方法。

检验时，首先将焊缝两侧充磁，焊缝中便有磁力线通过。若焊缝中没有缺欠，材料分布均匀，则磁力线的分布是均匀的；若焊缝中有气孔、夹渣、裂纹等缺欠时，则磁力线因各段磁阻不同而产生弯曲，磁力线将绕过磁阻较大的缺欠。当缺欠位于焊缝表面或接近表面，则磁力线不仅在焊缝内部弯曲，还将穿过焊缝表面产生漏磁，形成漏磁场，焊缝中有缺欠时形成漏磁场的情况如图 7-2 所示。当焊缝表面撒有磁粉时，漏磁场就会吸引磁粉，在有缺欠的地方形成磁粉堆积，探伤时就可根据磁粉堆积的图形、位置等来判断缺欠的形状、大小和位置。

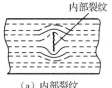
（a）内部裂纹

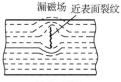
（b）近表面裂纹

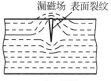
（c）表面裂纹

视频：磁粉检验

图 7-2　焊缝中有缺欠时形成漏磁场的情况

磁粉探伤仅适用于检验铁磁材料的表面缺欠和近表面缺欠。

3）超声波探伤

利用超声波探测材料内部缺欠的无损检验方法称为超声波探伤。它是利用超声波（频率超过20kHz，人耳听不见的高频率声波）在金属内部直线传播时，遇到两种介质的界面会发生反射和折射的原理来检验焊缝缺欠的。

检验时，利用探头将高频脉冲电信号转换成超声波并传入焊件。超声波在遇到缺欠和焊件底面时，均会发生反射，回到探头，由探头将超声波转变成电脉冲信号，并在示波器荧光屏上显示出脉冲波形，根据脉冲波形的位置和高低就可确定缺欠的位置和大小。

微课：焊缝超声波探伤

4）射线探伤

射线探伤是采用 X 射线或 γ 射线照射焊接接头来检查内部缺欠的一种无损检验方法。它可以显示出缺欠在焊缝内部的种类、形状、位置和大小，并可做永久记录。

视频：超声波检验

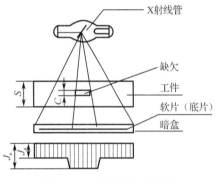

图 7-3　X 射线探伤示意图

射线探伤是利用射线透过物体并使照相底片感光的性能，来进行无损检验的。当射线通过被检验焊缝时，在缺欠处和无缺欠处被吸收的程度不同，使得射线透过焊接接头后，射线强度的衰减有明显差异，在胶片上相应部位的感光程度也不一样。图 7-3 所示为 X 射线探伤示意图，当 X 射线通过缺欠时，由于被吸收较少，通过缺欠的射线强度大（$J_c > J_a$），对底片感光较强，因此冲洗后的底片在缺欠处颜色就较深。无缺欠处则底片感光较弱，冲洗后颜色较淡。通过对底片上影像的观察、分析，便能发现焊缝内有无缺欠及缺欠的种类、大小和分布。

视频：X 光检验

5．力学性能试验

力学性能试验是用来检验焊接材料、焊接接头及焊缝金属的力学性能的。常用的力学性能试验有拉伸试验、弯曲试验、硬度试验、冲击试验等。一般是按标准要求，先在焊接试件（板、管）上相应位置截取毛坯试样，再加工成标准试样后进行试验。焊接试样的截取位置如图 7-4 所示。

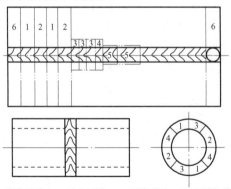

1—拉伸试验；2—弯曲试验；3—冲击试验；4—硬度试验；5—焊缝拉伸试验；6—舍弃。

图 7-4　焊接试样的截取位置

1）拉伸试验

拉伸试验的目的是测定焊接接头或焊缝金属的抗拉强度、屈服强度、伸长率和断面收缩率等力学性能指标。在拉伸试验中，还可以发现试样断口处的焊接缺欠。焊缝金属拉伸试样的受试部分应全部取在焊缝中，焊接接头拉伸试样则包括了母材、焊缝、热影响区3部分。

2）弯曲试验

弯曲试验也叫冷弯试验，是测定焊接接头塑性的一种试验方法。弯曲试验还可反映焊接接头各区域的塑性差别，考核熔合区的熔合质量和暴露焊接缺欠。弯曲试验分为横弯、纵弯和侧弯 3 种，横弯、纵弯又可分为正弯和背弯两种。背弯易于发现焊缝根部的缺欠，侧弯则能检验焊层与焊件之间的结合强度。

弯曲试验是以弯曲角度的大小及产生缺欠的情况作为评定标准的，如锅炉压力容器的弯曲角度一般为50°、90°、100°或180°，当试样达到规定角度后，试样拉伸面上任何方向最大缺欠长度均不大于3mm为合格。弯曲试验示意图如图7-5所示。

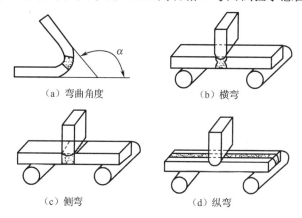

| （a）弯曲角度 | （b）横弯 |
| （c）侧弯 | （d）纵弯 |

图 7-5　弯曲试验示意图

3）硬度试验

硬度试验是用来测定焊接接头各部位硬度的试验。根据硬度试验结果可以了解区域偏析和近缝区的淬硬倾向，可作为选用焊接工艺的参考，常见测定硬度的方法有布氏硬度法（HBW）、洛氏硬度法（HR）和维氏硬度法（HV）。

4）冲击试验

冲击试验是用来测定焊接接头和焊缝金属在受冲击载荷时，抵抗折断的能力（韧性）及脆性转变的温度。冲击试验通常是在一定温度下（如 0℃、-20℃、-40℃），把有缺口的冲击试样放在试验机上以测定焊接接头的冲击吸收功，以冲击吸收功的大小作为评定标准。试样缺口部位可以开在焊缝上或熔合区上，也可以开在热影响区上。试样缺口形式有 V 形和 U 形，V 形缺口试样为标准试样。

6. 化学分析及腐蚀试验

1）化学分析

焊缝的化学分析是检查焊缝金属的化学成分。试样通常用直径为 6mm 的钻头在焊缝中钻取，一般常规分析需试样 50～60g。经常被分析的元素有碳、锰、硅、硫、磷等。对一些合金钢或不锈钢也需分析镍、铬、钛、钒、铜等元素，但需要多取一些试样。

2）腐蚀试验

金属受周围介质的化学和电化学作用而引起的损坏称为腐蚀。腐蚀试验的目的是确定在给定的条件下，金属抗腐蚀的能力，估计产品的使用寿命，分析腐蚀的原因，找出防止或延缓腐蚀的方法。

腐蚀试验的具体方法应根据产品对耐腐蚀性能的要求而定。常用的方法有不锈钢晶间腐蚀试验、应力腐蚀试验、腐蚀疲劳试验、大气腐蚀试验、高温腐蚀试验。

7. 金相检验

焊接接头的金相检验是用来检查焊缝、热影响区和母材的金相组织情况及确定内部缺欠等的方法。金相检验分为宏观金相检验和微观金相检验两大类。

1）宏观金相检验

宏观金相检验是用肉眼或借助低倍放大镜直接进行观察的一种金相检验方法，主要检查断面的焊接缺欠，如裂纹、未熔合、气孔、夹渣等。宏观金相检验的试样，通常焊缝表面保持原状，而将横断面加工至 $R_a3.2 \sim R_a1.6$，经腐蚀后再进行观察；还常用折断面检查的方法，对焊缝断面进行观察。

2）微观金相检验

微观金相检验是用 1000～1500 倍的显微镜来观察焊接接头各区域的显微组织、偏析、缺欠及析出相的状况等的一种金相检验方法。根据分析检验结果，可确定焊接材料、焊接方法和焊接参数等是否合理以便及时改进。微观金相检验还可以用更先进的设备，如电子显微镜、X 射线衍射仪、电子探针仪等。

1+X 测评

一、填空题

1. 焊缝的内部缺欠有＿＿＿＿＿＿、＿＿＿＿＿＿、＿＿＿＿＿＿、
＿＿＿＿＿＿、＿＿＿＿＿＿等。

2. 焊缝的外部缺欠有＿＿＿＿＿＿、＿＿＿＿＿＿、＿＿＿＿＿＿、
＿＿＿＿＿＿、＿＿＿＿＿＿、＿＿＿＿＿＿、＿＿＿＿＿＿等。

3. ＿＿＿＿＿＿称为咬边，咬边不仅减少了母材的有效面积，降低了焊接接头的强度，而且在咬边处受载易产生＿＿＿＿＿＿，容易引起裂纹。

4. 容易在焊缝中形成气孔的主要气体是＿＿＿＿＿＿、＿＿＿＿＿＿
和＿＿＿＿＿＿。

5. 气孔的存在会削弱焊缝的＿＿＿＿＿＿，造成＿＿＿＿＿＿，降低焊缝金属的＿＿＿＿＿＿，尤其是＿＿＿＿＿＿和＿＿＿＿＿＿降低得更为显著。

6. 裂纹不仅降低焊接接头的强度，而且还会引起严重的＿＿＿＿＿＿，使结构断裂破坏，所以裂纹是一种危害性很大的＿＿＿＿＿＿。

7. 熔焊时，焊道与母材之间或焊道与焊道之间未完全＿＿＿＿＿＿结合的部分称为未熔合。未熔合直接降低了焊接接头的＿＿＿＿＿＿性能，严重的未

熔合会使焊接结构无法承载。

8. 熔核中的裂纹与熔核及近缝区出现＿＿＿＿＿＿＿＿有关，将严重降低焊接接头的＿＿＿＿＿＿＿＿。

9. 点焊两板结合面伸入到熔核部分，多与表面高熔点＿＿＿＿＿＿＿＿清理不净有关，会减小熔核的有效＿＿＿＿＿＿＿＿，降低焊接接头的＿＿＿＿＿＿＿＿。

10. 无损检验方法有＿＿＿＿＿＿＿＿、＿＿＿＿＿＿＿＿、＿＿＿＿＿＿＿＿、＿＿＿＿＿＿＿＿等。

11. 力学性能试验包括＿＿＿＿＿＿＿＿、＿＿＿＿＿＿＿＿、＿＿＿＿＿＿＿＿、＿＿＿＿＿＿＿＿、＿＿＿＿＿＿＿＿等。

二、判断题

1. 焊缝的余高越高，连接强度越大，因此余高越高越好。（　　）

2. 焊缝高低不平、宽窄不均及角焊缝焊脚大小不一等不是焊接缺欠。（　　）

3. 焊前对施焊部位进行除污、除锈等是为了防止产生夹渣、气孔等缺欠。（　　）

4. 坡口钝边过大、角度太小，焊接时易产生未焊透缺欠。（　　）

5. 外观检查是常用的、简单的检验方法，以肉眼观察为主。（　　）

6. 磁粉探伤、着色探伤、荧光探伤都能检查所有材料的表面焊接缺欠。（　　）

7. 由于超声波探伤对人体有害，因此限制了超声波检验的大量推广应用。（　　）

8. 在射线检验的胶片上，一条淡色影像就是焊缝，在焊缝部位中显示出的深色条纹或斑点，就是焊接缺欠。（　　）

9. 微观金相检验是用肉眼或低倍放大镜直接进行观察的。（　　）

10. 力学性能试验属于破坏性检验，硬度试验属于非破坏性检验。（　　）

【课程思政案例】

刘宏院士：将维修机器人登上天宫二号的践行者

刘宏，中国工程院院士，中科智库首批入库专家兼审核委员会委员，空间机器人专家。刘宏长期从事空间机器人基础理论和灵巧操控技术研究，主持研制出中国首台空间机器人，相关成果成功应用于试验七号卫星和天宫二号实验室，作为主要人员参加过 863 计划的研究项目，为国家空间安全和在轨服务做出了突出贡献。

1. 中国首个仿人机器人灵巧手

中国的机器人产业起步较晚，但中国机器人灵巧手技术却走在世界前列。2016年，刘宏设计研发的空间机器人灵巧手在天宫二号上实现世界首次人机协同在轨维修技术试验，包括拆除隔热材料、拿电动工具拧螺钉、在轨手控遥操作等，被同行们称为将维修机器人登上天宫二号的践行者。

在 20 世纪 90 年代初，刘宏完成了多种触觉功能的灵巧手及控制系统的研究，提出了宏/微操作器系统理论。2001 年，刘宏带领团队研制出国内第一个仿人机器人灵巧手，且具有力矩、位置、温度、指尖力等多种感知功能。这项研究填补了中国在机器人灵巧手领域的空白。

中国第一个仿人机器人灵巧手，尺寸与人手相似，有 4 根手指，每根手指有 4个关节，共有 12 个自由度、96 个传感器，共有 600 多个机械零件，表面贴装 1600

多个电子元器件。该机器人灵巧手可以弹奏简单的乐曲，研究人员佩戴数据手套，可以对机器人灵巧手进行远距离操控，如远距离遥控机器人灵巧手倒水等。

2006 年，刘宏团队又研制出微型力矩传感器并运用到机器人灵巧手上。欧洲宇航局、美国布朗大学及中国、德国多家大学等都成为微型力矩传感器机器人灵巧手的用户。

2. 让机器人来修航天器

关于发展空间机器人的必要性，刘宏说："汽车可以到 4S 店保养，飞机可以在地面进行维修，航天器一旦发生问题谁来修？"

空间机器人是在太空中执行空间站建造与运营支持、卫星组装与服务、科学实验、行星探索等任务的特种机器人。中国空间机器人技术研究始于 20 世纪 90 年代，2014 年中国第一个在轨工作的机械臂上天。近些年，中国科学院、哈尔滨工业大学、北京邮电大学、北京理工大学、北京航空航天大学、航天五院等单位针对空间机器人开展了大量的研究，并取得了丰硕的成果。

目前，中国新一代空间机器人可以配备高灵巧机械臂，注入了仿生理念。刘宏称，中国的空间机器人配备的机械臂已经实现多关节连续、精细操作；实现从单个机械臂发展为多个机械臂、人形机械臂；从以前的宇航员在天上"遥操作"，演变成地面"主从遥操作"，再到地面临场遥感操作。

2016 年，第十三届空间人工智能、机器人和自动化国际研讨会在北京举行。刘宏在会上表示，虽然中国在空间机械臂领域的研究晚于欧美国家，但是中国发展的速度很快。就空间机械臂来说，中国的水平目前处在世界前列。

3. 科研是一种乐趣、责任

20 世纪 80 年代中期，中国第一台华宇-Ⅰ型弧焊机器人研制成功，总设计师是刘宏的老师蔡鹤皋，刘宏说这是一件很伟大的事情，因此报考蔡鹤皋的研究生，一起研究机器人。刘宏表示，搞科研应该先打牢理论基础，把基本功练扎实，然后培养创新能力。从整理的事实中发现规律，从而发明创造一些新的东西。

作为教育部首批创新团队"机器人与机电一体化技术"的学术带头人，刘宏带领的团队不仅创造了和谐、民主、团结、富有凝聚力的小环境，还为年轻人创造了良好的学术发展大环境。刘宏告诉学生"科研是一种乐趣，也是一种责任，搞科研要耐得住寂寞。"

模块八

焊接机器人安全、维护与保养

【学习任务】

任务一 焊接机器人安全技术
任务二 焊接机器人维护与保养
1+X 测评

【学习目标】

1. 掌握焊接机器人操作安全规程
2. 熟悉机器人操作安全注意事项
3. 了解焊接机器人维护与保养知识

任务一 焊接机器人安全技术

焊接机器人系统复杂而且危险性大，所以必须掌握焊接机器人的安全使用知识，严格遵守安全操作规程。焊接机器人的安全使用，包括操作前、操作中及操作后安全，任何不当的操作都可能引发设备或人身安全事故。

一、焊接机器人安全操作规程

（1）操作和维护焊接机器人的人员必须经过专业培训才能操作设备。

（2）作业人员须穿着规定的工作服、安全靴，戴上安全帽等安保用品。

（3）操作焊接机器人示教器和操作面板时禁止戴手套，以防误操作造成人身伤害。

（4）为确保工作场内的安全，请遵守"小心火灾""高压""危险""外人勿进"等规定。

（5）认真管理好控制柜，请勿随意按下按钮。勿摇晃焊接机器人及在焊接机器人上悬挂物件。

（6）增强安全意识，始终保持当焊接机器人万一发生未预料的动作时进行躲避的意识，确保自己在紧急情况下有退路。

（7）在焊接机器人周围，勿有危险行为或游戏。

（8）遵守焊接机器人用电安全。

（9）必须知道机器人控制器和外围控制设备上紧急停止按钮的位置，以备在紧急情况下使用。一旦发现异常情况，应立即按下紧急停止按钮。

（10）焊接机器人动作区域属于危险区域，焊接机器人应设有防护栏或安全警戒线。焊接机器人工作时，严禁所有人员在防护栏内活动。

二、焊接机器人周边防护安全

（1）未经许可的人员不得接近焊接机器人及其周边辅助设备。

（2）绝不能够强制扳动焊接机器人的轴。

（3）在操作期间，绝不允许非工作人员触动焊接机器人操作按钮。

（4）不要倚靠在控制柜上，不要随意按动操作按钮。

（5）焊接机器人周边区域必须保持清洁（无油、无水及无其他杂质）。

（6）如需手动控制焊接机器人时，应确保焊接机器人的作业范围内无任何人员或障碍物。

（7）执行程序前，应确保焊接机器人工作区域内没有无关人员、工具、工件。

三、焊接机器人操作安全注意事项

（1）绝不允许操作人员在自动运行模式下进入焊接机器人动作范围，决不允许其他无关人员进入焊接机器人的作业范围。

（2）应尽量在焊接机器人的作业范围外进行示教工作。

（3）在焊接机器人的作业范围内进行示教工作时，始终从焊接机器人的前方进行观察，不要背对焊接机器人进行作业，始终按预先制定好的操作程序进行操作。

（4）在操作焊接机器人前，应先按控制柜前门及示教器右上方的急停开关，以检查伺服准备指示灯是否熄灭，并确认焊接机器人的所有驱动器不在伺服投入状态。

（5）运行机器人程序时应按照由单步到连续的模式、由低速到高速的顺序进行。

（6）在操作焊接机器人时，示教器上的模式开关应选择手动模式，不允许在自动模式下操作焊接机器人。

（7）在焊接机器人运行过程中，严禁操作人员离开现场，以确保可以及时处理意外情况。

（8）在焊接机器人工作时，操作人员要注意查看焊接机器人的电缆状况，防止电缆缠绕在焊接机器人上。

（9）示教器和示教器电缆不能放置在变位机上，应随手携带或挂在操作位置。

（10）当焊接机器人停止工作时，不要认为它已经完成工作了，因为焊接机器人停止工作很有可能是在等待让它继续移动的输入信号。

（11）离开焊接机器人前应关闭伺服且按下急停开关，并将示教器放置在安全位置。

（12）工作结束时，应使焊接机器人在工作原点位置或安全位置。

（13）严禁在控制柜内随便放置配件、工具、杂物等。

（14）在校验焊接机器人的机械零点时，必须拔出零标杆后方可改变焊接机器人的位置。

（15）运行机器人程序时应密切观察焊接机器人的动作，左手应放在急停开关上，右手应放在紧急停止按钮上，当焊接机器人出现运行路径与程序不符或出现紧急情况时应立即按下按钮。

（16）严格遵守并执行焊接机器人的日常点检与维护。

（17）如发生火灾，请使用二氧化碳灭火器灭火。

（18）焊接机器人处于自动模式时，任何人员都不允许进入其动作所及的区域。

（19）在任何情况下，不要使用机器人原始启动盘，要用复制盘。

（20）焊接机器人停机时，夹具上不应置物，必须空机。

（21）焊接机器人在发生意外或运行不正常等情况下，均可使用紧急停止按钮，停止运行。

（22）因为焊接机器人在自动状态下，即使运行速度非常低，其动量也很大，所以在进行编程、测试及维修等工作时，必须将焊接机器人置于手动模式。

（23）气路系统中的压力可达 0.6MPa，任何相关检修都要先切断气源再进行。

（24）在手动模式下调试焊接机器人，如果不需要移动焊接机器人时，必须及时释放使能器。

（25）调试人员进入焊接机器人的工作区域时，必须随身携带示教器，以防他人误操作。

（26）正确使用示教器，不要摔打、抛掷或重击示教器，以免导致示教器破损或故障。不使用时，将示教器挂到专门位置或支架上，以防意外掉落。

（27）避免被人踩踏或用力拉拽示教器电缆。

（28）切勿使用锋利的物体（如螺丝刀或笔尖）操作触摸屏，这样可能会使触摸屏受损，要使用手指或触摸笔（一般位于示教器带有 USB 端口的背面）操作。

（29）及时清洁示教器触摸屏上的灰尘。但切勿使用溶剂、洗涤剂或擦洗海绵清洁示教器。使用软布蘸少量水或中性清洁剂清洁即可。

（30）不使用示教器的 USB 端口时，务必关上 USB 端盖。若一直打开 USB 端盖，其防尘性、防水性、耐飞溅性将会受损，可能导致示教器故障。

（31）注意夹具并确保其加紧工件。如果夹持不紧，工件脱落，可能导致人员受伤或设备损坏。夹具非常有力，如果操作不正确，也会导致安全事故。

（32）在得到停电通知时，要预先关闭焊接机器人的主电源及切断气源。

（33）突然停电后，要赶在来电之前预先关闭焊接机器人的主电源开关，并及时取下夹具上的工件。

（34）维修人员必须保管好焊接机器人的钥匙，严禁非授权人员在手动模式下进入机器人软件系统，随意翻阅或修改程序及焊接参数。

任务二　焊接机器人维护与保养

焊接机器人的维护保养是焊接机器人正常工作的前提与保障，不仅能降低焊接机器人的故障率，还能保证操作人员的安全。

一、维护保养安全操作规程

（1）维护保养人员必须接受过专业的焊接机器人基本操作知识培训和维护保养培训。

（2）维护保养人员须穿戴好工作服、安全帽、安全鞋等安全防护用具。

（3）维护保养人员必须在切断电源后，方可进入焊接机器人的动作范围内进行作业。

（4）进行检修、维修、维护、保养等作业时，应两人一组进行作业，一人保持可立即按下紧急停止按钮的姿势，另一人则在焊接机器人的动作范围内，保持警惕并迅速完成作业。

（5）严格按维护保养计划与要求进行维护保养，并及时填写维护保养记录单。

（6）设备出现故障时及时反馈并汇报给维修人员，并详细描述故障出现前设备情况，同时积极配合维修人员检修，以便维修人员正确快速地排除故障。

（7）维护保养作业时，应配备适当的照明器具。但需要注意的是，不要让该照明器具导致新的危险。

（8）维护保养作业结束后，应将焊接机器人周围和安全栅栏内洒落在地面的油、水、碎片等彻底清扫干净。

二、焊接机器人部分的维护与保养

焊接机器人部分的维护保养分为日常检查和定期检查。日常检查为电源闭合前的维护保养和电源闭合后的维护保养。定期检查周期包括 1 个月、3 个月、6 个月、1 年、3 年等。

文档：焊接机器人的操作与维护

1. 日常检查

电源闭合前的日常检查项目如表 8-1 所示，电源闭合后的日常检查项目如表 8-2 所示。

表 8-1　电源闭合前的日常检查项目

部　件	项　目	维　修	备　注
接地电缆/其他电缆	是否松动、断开或损坏	拧紧、更换	
机器人本体	是否沾有飞溅和灰尘	去除	请勿用压缩空气清理灰尘或飞溅，否则异物可能进入护盖内部，对机器人本体造成损害，建议用干布擦拭
	是否松动	拧紧	
安全护栏	是否损坏	维修	
作业现场	是否整洁	清理现场	

表 8-2　电源闭合后的日常检查项目

部　件	项　目	维　修	备　注
紧急停止开关	按下紧急停止按钮是否立即断开伺服电源	维修	紧急停止按钮修好前请不要使用焊接机器人
原点对中标记	执行原点复位后,看各原点对中标记是否重合	如果不重合,应联系生产厂家	按下急停开关,断开伺服电源后,才允许接近焊接机器人进行检查
机器人本体	自动运转、手动操作时,看各轴运转是否平滑、稳定(无异常噪声、振动)	如果故障原因不明,应联系生产厂家	修好前不要使用焊接机器人
风扇	查看风扇的转动情况,以及是否沾有灰尘	清洁风扇	清洁风扇前应断开所有电源

2．定期检查

1）每月维护保养项目

① 检查机器人本体连接电缆是否紧固完好、示教器电缆外观是否完好,若有破损应及时更换。

② 机器人本体除尘,用干抹布对机器人本体灰尘、飞溅进行清理,严禁用压缩空气吹扫机器人本体。

③ 控制柜除尘,采用适当压力的干燥压缩空气对控制柜内部除尘。

④ 清洁示教器触摸屏,切勿使用溶剂、洗涤剂或擦洗海绵清洁示教器。使用软布蘸少量水或中性清洁剂清洁即可。

2）其他定期维护保养项目

每 3 个月(500h)检查焊接机器人固定螺栓、盖板螺栓和连接部分是否松动,若松动应紧固。

每年(2000h)检查电机固定螺栓、转动(驱动)部件、减速齿轮及机器人本体内部配线接头是否松动、润滑,更换机器人本体电池。

每 3 年(6000h)轴减速器、齿轮箱要加油润滑,更换控制器主板电池。

师傅点拨

焊接机器人维护保养时间,可依照标准工作时间设定。"月数"与"时间"以先到达时间为准。例如,单班制每 500h(每 3 个月)检查,若改为双班制,则每 500h 进行维护与保养的对应的月数就是 1.5 个月。

三、焊接设备部分的维护与保养

焊接设备部分维护与保养的主要内容如表 8-3 所示。

表 8-3　焊接设备部分维护与保养的主要内容

保养周期	主要检查和保养内容	备　注
日常	不正常的噪声、震动和枪头发热程度	

续表

保养周期	主要检查和保养内容	备注
日常	焊机风扇是否正常运行	
	水箱风扇是否正常运行，水泵是否正常工作	
	检查送丝阻力是否过大，枪头易损件是否正常	
3个月	电源输入线路是否破损	
	接插件的固定状况是否良好，水路是否漏水，气路是否漏气	
	清除焊机上面的灰尘和杂物	
	检查焊枪是否破损，接地线是否破损	
	检查导丝管是否破损	
6个月	清理焊机内部灰尘，紧固各焊接插件	如果工作环境恶劣，建议每3个月进行清理
	清理水箱内的灰尘，尤其是风扇和散热器上面的灰尘	
1年	清理和更换水箱内的冷却液	

1．焊接电源的检查与保养

（1）定期做好检查工作。例如查看焊机通电时，冷却风扇的旋转是否平顺；是否有异常的震动、声音和气味；保护气体是否泄漏；焊接电缆的接头及绝缘的包扎是否松动或剥落；焊接电缆及各接线部位是否有异常发热现象等。

（2）定期使用清洁干燥的压缩空气清扫焊机内尘埃。因为焊机是强迫冷却，很容易从周围吸入尘埃积存于焊机内。清扫尘埃必须在切断电源后进行。压缩空气压力一般 2~5MPa（不含水分）。

（3）焊接现场有腐蚀性、导电性气体或粉尘时，必须对焊机进行隔离防护。

（4）焊机长时间使用外壳有可能碰撞变形或生锈，损伤内部零件，年度检查保养时要实施不良零件更换和外壳修补及绝缘劣化部位补强等综合修补工作。不良零件的更换在维护保养时最好一次性全部更换新品以确保焊机性能最佳。

2．送丝机构的检查与保养

（1）检查焊丝压力调节机构是否正常。压力不足时焊丝打滑，压力过大会损伤焊丝，送丝性能差。使用加压手柄进行调节。

（2）送丝轮在使用一段时间后，需查看是否有破裂现象，有无磨损严重情况，发现问题要及时更换。

（3）通常情况下，送丝机构在使用6个月后，必须用干燥压缩空气进行清洁。

3．焊枪的检查与保养

（1）长时间使用焊枪，喷嘴会沾满飞溅物，应及时清理，否则保护气体送气不畅，影响保护效果及焊接质量。

（2）导电嘴定期检查。导电嘴与所用焊丝的规格必须一致，磨损后要及时更换，否则导电性能变差，送丝不稳，从而导致电弧不稳。

（3）焊枪内部的送丝管要定期清理。长时间使用后，送丝管内壁会黏附金属屑、尘埃等，应及时清理，否则影响送丝性能。一般情况下，每用完一盘焊丝都需用压缩空气清理，如清理后送丝阻力依然很大，应及时更换送丝管。送丝管上的油垢可使用刷子刷洗。

4．焊钳的检查保养

为保证焊钳的工作性能，延长其使用寿命，需做好焊钳的检查与保养工作，表 8-4 所示为焊钳的保养维护周期。

表 8-4　焊钳的保养维护周期

序　号	部 件 名 称	主要零件名称	检 查 周 期	使 用 寿 命
1	电极部件	电极帽 电极杆 电极臂	3000～10 000 点	3000～10 000 点 100 万点 100 万点
2	平衡部件	支架　吊架 衬套　导向杆 缓冲器限位	100 万点或 3 个月	300 万～500 万点 150 万～200 万点 150 万～200 万点
3	气缸部件	气缸 衬套　活塞　活塞杆 密封件　导向杆气缸盖	100 万点或 3 个月	300 万～500 万点 150 万～300 万点 150 万～300 万点
4	二次导电部件	可绕导体 端子　二次导体 焊接臂　电极臂	5 万点	50 万点 300 万～500 万点 300 万～500 万点

1）电极部件日常检查与保养

① 检查电极帽是否需要修磨或更换。

② 电极帽与电极杆装配是否良好。

③ 电极帽和电极杆、电极臂之间的位置，上、下电极的轴线是否重合，保证电极端面与工件接触良好。

以上情况如果发生异常，需立即进行锁紧拆卸维修处理。

2）平衡部件日常检查与保养

① 平衡部件能否顺畅工作。

② 调节弹簧的螺母有无松动。

③ 限位螺栓有无裂缝、变形和磨损。

④ 导向杆上有无飞溅。

以上情况如果发生异常，需立即进行锁紧拆卸维修处理。

3）气缸部件日常检查与保养

① 固定气缸的螺栓和螺母是否松动。

② 气缸安装部分是否松动或变形。

③ 气缸部件动作是否顺畅。

④ 气缸部件行程是否异常。

⑤ 活塞杆表面是否有飞溅、磨损。

以上情况如果发生异常，需立即进行锁紧拆卸维修处理。

4）二次导电部件日常检查与保养

① 固定导电部件的螺栓和螺母是否松动。

② 可绕导体和二次导体绝缘是否异常。

③ 固定电缆的螺栓、螺母是否松动。

④ 可绕导体是否折弯、变形或断裂。

⑤ 合金焊接臂打 350 万点确认其是否开裂。

以上情况如果发生异常，需立即进行锁紧拆卸维修处理。

1+X 测评

一、填空题

1. 操作和维护焊接机器人的人员必须先经过_____才能操作设备。

2. 执行程序前，应确保焊接机器人工作区域内没有无关_____、_____、_____。

3. 焊接机器人运行过程中，严禁操作人员_____现场，以确保可以及时处理意外情况。

4. 气路系统中的压力可达 0.6MPa，任何相关检修都要_____气源。

5. 焊接机器人部分的维护保养分为_____检查和_____检查，定期检查包括_____月、_____月、_____月、_____年、_____年等。

6. 焊接机器人维护保养必须切断_____后，方可进入焊接机器人的_____进行作业。

7. 在校验焊接机器人的_____时，必须拔出_____后方可改变焊接机器人位置。

8. 工作结束时，应使焊接机器人在_____位置或_____位置。

二、判断题

1. 焊接机器人动作区域属于危险区域，焊接机器人应设有防护栏或安全警戒线，焊接机器人工作时，严禁所有人员在防护栏内活动。（   ）

2. 应尽量在焊接机器人的作业范围外进行示教工作。（   ）

3. 运行机器人程序时应按照由单步到连续的模式、由低速到高速的顺序进行。（   ）

4. 焊接机器人运行过程中，严禁操作人员离开现场，以确保可以及时处理意外情况。（   ）

5. 清洁示教器触摸屏上的灰尘时，切勿使用溶剂、洗涤剂等清洁示教器，可使用软布蘸少量水或中性清洁剂清洁即可。（   ）

6. 不能够强制扳动焊接机器人的轴，勿摇晃焊接机器人及悬挂在焊接机器人上的物件。（   ）

7. 进行检修、维修、维护、保养等作业时，应两人一组进行作业，一人保持可立即按下紧急停止按钮的姿势，另一人则在焊接机器人的动作范围内，保持警惕并迅速完成作业。（   ）

8. 机器人本体除尘，用干抹布对机器人本体灰尘、飞溅进行清理，严禁用压缩空气吹扫机器人本体。（   ）

【课程思政案例】

焊接职业规范

职业规范是从业人员处理职业活动中各种关系、各种矛盾行为的准则，是从业人员在职业活动中必须遵守的行业道德。焊接职业规范要求如下。

1. 焊接文明实训（习）的基本要求

（1）执行规章制度，遵守劳动纪律。

（2）严肃工艺纪律，贯彻操作规程。

（3）优化实习环境，创造优良实习条件。

（4）按规定完成设备的维护保养。

（5）严格遵守实训（习）纪律。

2. 焊接实训（习）日常行为规范"十不准"

（1）不准在实训（习）现场，吸烟、酗酒、吃口香糖、听音乐等。

（2）不准在现场打斗、追逐，不准翻爬围栏、围墙。

（3）不准在实训（习）现场吃零食，不乱丢果皮、纸屑、塑料袋及瓜子壳。

（4）不准损坏公共财物。

（5）不准顶撞实训（习）指导教师和教职工。

（6）不准私带工具、材料出实训（习）企业（车间）。

（7）不准干私活、做凶器，不准偷材料、零件等。

（8）不准私拆、私装电器。

（9）不准乱动未批准使用的设备，不准乱写、乱画。

（10）不准玩火、玩手机、玩电子游戏，不准打扑克、打麻将及进行其他赌博游戏。

3. 焊接实训（习）课的课堂规则

（1）实训（习）课前，实训（习）学生必须穿好防护用品（服、帽、鞋等），由班长负责组织集合，提前 5min 进入实训（习）课堂。

（2）实训（习）指导教师讲课时，实习学生要专心听讲，认真做笔记，不得说话和做其他事情；提问要举手，经实训（习）指导教师允许后，方可起立提问；进出实训（习）企业（工厂）前应得到实训（习）指导教师的许可。

（3）实训（习）指导教师操作示范时，实训（习）学生要认真观察，不得拥挤和喧哗。

（4）实训（习）学生要按照实训（习）指导教师分配的工位进行练习，不得串岗，更不允许私自动用他人的设备。

（5）严格遵守安全操作规程，严防人身事故、设备事故的发生。

（6）严格执行首件检查制度，按照实训（习）课程、模块要求，保质、保量、按时完成实习任务，不断提高操作水平。

（7）爱护公共财产，珍惜一滴油、一度电、一升气，尽量修旧利废。

（8）保持实训（习）现场的整洁。下课前，要全面清扫、保养设备，收拾好工具、材料，关闭电源、水、气开关等，写好交接班记录，开好班后会。

（9）去企业参观实习时，应严格遵守企业的有关规章制度，服从安排，尊敬师傅，虚心求教。

4. 焊工职业守则

（1）遵守法律、法规和相关规章制度。

（2）爱岗敬业，开拓创新。

（3）勤于学习专业业务，提高能力素质。

（4）重视安全环保，坚持文明生产。

（5）崇尚劳动光荣和精益求精的敬业风气，具有弘扬工匠精神和争做时代先锋的意识。

参 考 文 献

[1] 中国机械工程学会焊接学会. 焊接手册（第 3 版）第 2 卷　材料的焊接[M]. 北京：机械工业出版社，2015.

[2] 中国机械工程学会焊接学会. 焊接手册（第 3 版）第 1 卷　焊接方法及设备[M]. 北京：机械工业出版社，2015.

[3] 邱葭菲，许妍妩，庞浩. 工业机器人焊接技术及行业应用[M]. 北京：高等教育出版社，2018.

[4] 袁有德. 焊接机器人现场编程及虚拟仿真[M]. 北京：化学工业出版社，2020.

[5] 陈茂爱，任文建，闫建新. 焊接机器人技术[M]. 北京：化学工业出版社，2019.

[6] 乌日根. 焊接机器人操作技术[M]. 北京：机械工业出版社，2016.

[7] 戴建树. 机器人焊接工艺[M]. 北京：机械工业出版社，2019.

[8] 邱葭菲. 焊接方法与设备[M]. 北京：化学工业出版社，2021.

[9] 邱葭菲. 焊接实用技术[M]. 长沙：湖南科技出版社，2010.

[10] 张明文. 工业机器人入门实用教材[M]. 北京：人民邮电出版社，2020.